PVSIGNIEU

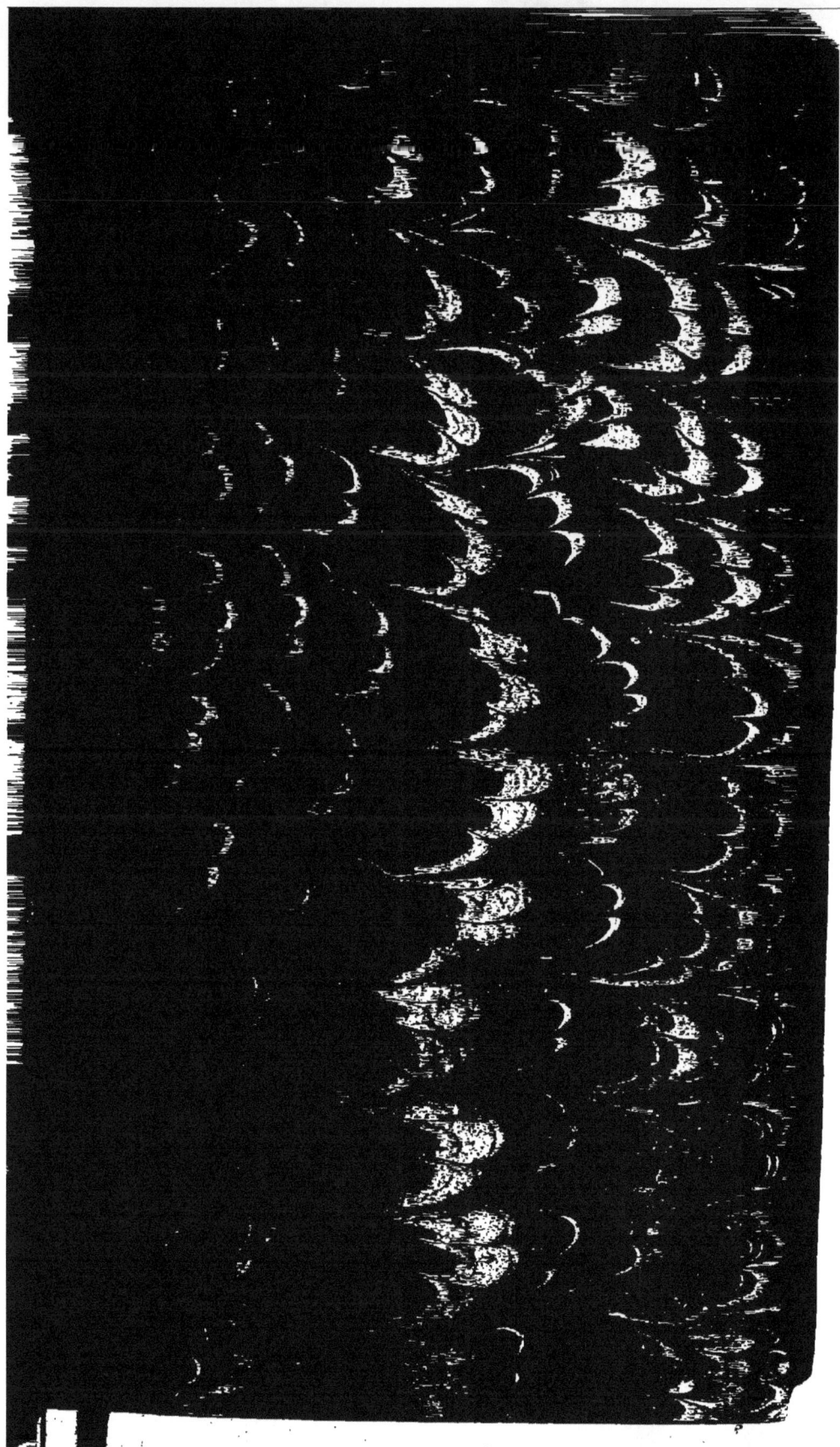

LE JARDINIER SOLITAIRE,

OU

DIALOGUES

Entre un Curieux & un Jardinier Solitaire.

Contenant la méthode de faire & de cultiver un Jardin fruitier & potager; & plusieurs expériences nouvelles.

SECONDE EDITION,

Revûë, corrigée par l'Auteur, & augmentée de plusieurs REFLEXIONS NOUVELLES LA CULTURE DES ARBRES.

❧❧

A PARIS,

Chez RIGAUD, ruë de la Harpe, au dessus de Saint Cosme. M. DCCV.

AVEC PRIVILEGE DU ROY.

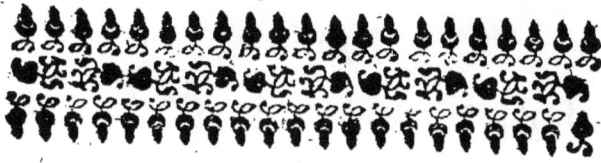

PREFACE.

LA culture des jardins a esté considerée de tout temps comme le premier Art du monde ; rien ne fait plus de plaisir que de s'y occuper.

C'est ce plaisir que je souhaite à un curieux, qui s'étant débarrassé de la vie tumultueuse qu'on méne dans le monde, inspiré par des sentimens de Religion, a pris le parti de passer le reste de ses jours à sa maison de campagne, afin d'y goûter les

á ij

plaifirs innocents de la vie
champêtre; & qui dans le
deffein d'y faire un beau jardin fruitier & potager, dé-
fire de s'en inftruire avec
moy.

C'eft dans ce deffein, que
je luy prefente un plan. Je
commence par faire le par-
tage du terrein; je le diftri-
buë en allées d'une largeur
proportionnée à fon éten-
duë & bordées d'herbes a-
romatiques; j'en employe
une autre partie pour des arbres en buiffon qui portent
les fruits les plus exquis; un
autre pour les efpaliers de
Pefchers, & pour d'autres

arbres, dont je défigne ceux
qui conviennent à chaque
expofition du foleil.

Je parle des arbres à haute
tige, & de la maniére de les
bien planter felon la qualité
du terrein.

J'employe enfin le refte de
la terre à des quarrez d'une
égale grandeur, dans lefquels
je fais des planches d'une
largeur égale pour y femer
des légumes d'automne &
d'hyver. Voila mon plan.

Et afin que la méthode
avec laquelle je traite cette
matiére foit moins ennuieu-
fe, je me fers du dialogue
qui plaît ordinairement au

lecteur, & qui luy est bien plus agréable que ces longs discours, plus embarrassans qu'utiles à ceux qui veulent sçavoir la pratique.

Je tâche d'éviter la longueur dans les demandes & dans les réponses. J'explique le plus nettement que je puis, ce que j'ay à répondre au curieux, j'espére qu'il luy sera aisé de se rendre habile Jardinier, quand il aura lû cet Ouvrage avec attention.

Je le divise en deux parties: Dans la premiére, j'explique methodiquement la maniére de faire un jardin fruitier & potager.

Dans la seconde, je don-
la méthode de cultiver ce
jardin, afin d'en retirer tout
ce qui est nécessaire pour la
provision d'une maison.

La premiére chose que je
fais dans la premiére partie,
c'est d'expliquer les qualitez
des bonnes terres, & de celles qui ne sont nullement
propres à faire un jardin.

J'ajoûte que ce n'est pas
assez, & qu'il faut que la
terre soit bien préparée : cette préparation consiste à la
faire foüiller de trois pieds
de profondeur; je donne la
méthode de faire cette foüille, & j'en apporte la raison.

La terre étant ainsi pré-
parée, je traite de la distribution du terrein, que je
suppose de quatre arpens :
cette distribution se trouvera si juste, que j'espére qu'on
n'y verra aucune place inu-
tile.

Comme rien n'est plus a-
vantageux à un jardin, que
d'avoir les quatre expositions
du soleil ; j'explique les effets
du soleil en général, & de
chaque exposition en par-
ticulier. C'est là, que je
fais mention des qualitez de
fruits qui y conviennent le
mieux.

Je traite ensuite des acci-

dens aufquels chaque expofition eft fujette.

Je donne la méthode de
faire deux fortes de treillages : fçavoir, l'un d'échalas,
& l'autre de fil de fer.

Je fais mention de tous
les fruits, tant à pepin qu'à
noyau, les plus curieux &
les plus exquis ; j'explique les
qualitez de chacun en particulier pour apprendre à les
bien connoiftre, & je parle du temps de leur maturité, qui eft une chofe tres-
utile à fçavoir.

Aprés avoir donné une
connoiffance affez étenduë
des meilleurs fruits ; je viens

à la Méthode de difpofer les efpaliers de pefchers, en forte qu'ils ne foient point dégarnis de fruits pendant toute leur faifon, & cela par la connoiffance que j'ay du temps de leur maturité.

Pour y bien réüffir, je confeille de ne point acheter d'arbres que chez des perfonnes dont la réputation foit fi bien établie, qu'on foit feur de leur fidelité à donner les efpéces qu'on leur demande: car rien ne feroit plus défagréable à un curieux qui a un beau plant à faire, que de fe voir un jour fruftré des efpéces qu'il defiroit avoir; & je suis persuadé qu'il voudroit alors avoir payé les arbres à beaucoup plus haut prix & n'avoir pas été trompé ; c'est ce que plusieurs personnes m'ont témoigné en pareilles occasions.

Quoiqu'on ait des arbres bien conditionnez; s'ils ne sont pas bien plantez, ils ne réüssiront pas. C'est pourquoy je traite la maniére de bien planter les arbres en buisson, en espalier, & en plein vent : ma méthode consiste en sept observations pour les arbres en buisson, en cinq pour les arbres en espalier, & en cinq autres

pour les arbres à haute tige.
Je dis qu'il faut mettre du
fumier au pied des arbres
fur la fuperficié de la terre,
j'en apporte la raifon. Si l'on
met toutes ces obfervations
en pratique, chaque arbre
portera du fruit au bout de
trois ou quatre années.

Je continuë de donner
la méthode de bien cultiver
les arbres pendant la premiére année qu'ils feront
plantez.

J'explique comment il faut
planter les ceps de raifin,
& de verjus : je marque la
qualité du fumier qu'on doit
employer pour cet ufage,

afin d'avoir du fruit en peu de temps.

Je fais voir comment il faut dreſſer les planches dans les quarrez, afin d'y ſemer les graines potagéres ; & pour apprendre à connoiſtre ces graines, j'en donne la Liſte.

Je parle de la maniére de faire des couches, & je marque l'expoſition du ſoleil où elles doivent eſtre faites, pour y ſemer des nouveautez.

Je finis ma premiére partie, en donnant la méthode de faire des couches de champignons à peu de frais.

Dans la seconde partie, je réponds aux demandes du Curieux sur la maniére de cultiver un jardin fruitier & potager.

J'explique les temps auſquels on doit faire les differens labours pendant le cours de l'année : cette obſervation eſt abſolument néceſſaire, & je dis la raiſon pourquoy.

Je donne un traité de la Taille des arbres, j'en prouve la néceſſité. Je marque les temps différents où elle ſe fait, & les raiſons pourquoy ; j'y ajoûte en peu de mots des obſervations néceſſaires.

J'explique les principes de la taille, sans lesquels on ne peut jamais bien tailler un arbre.

Je marque qu'il ne faut point avoir égard au cours de la lune pour la taille des arbres, pour greffer, ni pour semer les graines potagéres ; j'en ay fait l'expérience qui est conforme au sentiment de Mr de la Quintinie.

Je donne les moyens de faire porter du fruit aux vieux arbres qui ne poussent qu'en bois, & point en fruit ; je confirme mes expériences par le sentiment de Mr de la Quintinie.

Je donne la Méthode de tailler les Peschers en espalier, je la fais consister en six observations, & en d'autres avis qui ne seront peut-estre pas inutiles.

Je continuë à parler de la seconde taille des Peschers; je dis qu'il faut faire cinq choses pour y réüssir.

J'explique la maniére de pincer les Peschers, les Abricotiers, les Poiriers; le temps auquel on doit faire cette opération, & le bon effet qu'elle produit. Je parle aussi en cet endroit de l'ébourgeonnement des arbres.

Je fais mention de la ma-

niére dont il faut gouverner
les fruits fur les arbres, afin
qu'ils ayent un bon goût &
un beau coloris.

Je traite de la maturité des
fruits de chaque faifon, & de
la maniére de les cueillir pour
les bien conferver dans la fer-
re : je donne le moyen de
rendre les Pefches, les Prunes, & les Figues délicieu-
fes aprés eftre cueillies auffi-
bien que les Abricots.

Je fais cinq obfervations
pour bien tailler la vigne ; je
marque le temps auquel cette taille fe doit faire, & je
donne des éclairciffemens
fur quelques difficultez qui

se rencontrent à cette taille.

Je traite l'art de cultiver les Figuiers, les différentes façons d'en faire des Marcottes; comment il les faut élever, & les conserver en buisson, en espalier, & en caisse.

Je donne la méthode de bien greffer en écusson, en fente & en couronne, & je fais des observations qui pourront estre utiles dans la pratique.

Je rapporte la maniére de transplanter les arbres sans motte, avec toutes leurs branches & leurs racines ; tant ceux à haute tige, que les nains; & en suivant ma méthode, ils donnent du fruit dés la premiére année, s'ils ont des boutons à fruit. J'ay fait plusieurs observations à mettre en pratique pour y réüssir. Je parle encore de la maniére de transplanter les ceps de raisin, & de verjus, aussi bien que les ormes.

Je traite des différentes maladies des arbres, & des remédes pour les en garentir.

Je marque enfin le travail que doit faire un Jardinier pendant chaque mois de l'année.

J'ay mis à la marge un sommaire de ce qui est traité

plus au long dans chaque page.

Voilà en peu de mots ce qui eſt contenu dans cet Ouvrage, dont on trouvera la Table des Chapitres à la fin du volume.

J'ajoute dans cette ſeconde édition, des *Réflexions nouvelles ſur la culture des arbres*, & j'ay lieu d'eſpérer par rapport au ſuccés qu'a eu la premiére édition, que cette ſeconde ayant été revûë, corrigée, & augmentée aſſez conſiderablement, elle pourra eſtre d'une plus grande utilité au public.

LE

LE JARDINIER SOLITAIRE,

OU

DIALOGUES

Entre un curieux & un Jardinier solitaire, pour faire, & culti- ver methodiquement un Jar- din Fruitier & Potager : où l'on découvre des experiences nou- velles.

PREMIERE PARTIE.

LE CURIEUX.

VOus sçavez le parti que j'ay pris d'avoir une mai- son de campagne, pour y passer

A

le reste de mes jours, & y goûter les douceurs de la vie champêtre. Pour cet effet je serois ravi de m'instruire avec vous de tout ce qu'il convient de sçavoir, pour faire un jardin potager, & pour cultiver les arbres fruitiers. Je sçay que l'application que vous y avez apportée depuis plusieurs années dans vôtre agreable solitude, vous a donné lieu de faire plusieurs expériences dans cette innocente occupation. J'espere que vous voudrez bien m'en faire part, afin que je puisse mettre en pratique ce que vous m'en direz.

LE JARDINIER SOLIT.

Je le feray avec plaisir, & je commenceray par vous expliquer les qualitez d'une bonne

terre ; c'eſt la premiere choſe à
ſçavoir.

CHAPITRE PREMIER.

Des qualitez d'une bonne terre.

LE JARDINIER SOLIT.

LEs Auteurs qui ont traitté des qualitez d'une bonne terre, conviennent de ce que l'experience m'a confirmé. Ils veulent qu'elle ſoit noirâ re, ſablonneuſe, graſſe, meuble, je veux dire, facile à labourer ; qu'elle ne ſoit ni froide, ni légére ; qu'elle n'ait point de mauvaiſe odeur, ni de mauvais gouſt, & qu'elle ait trois pieds de profondeur de la meſme qualité.

LE CURIEUX.

Pourquoy trois pieds de pro-

A ij

fondeur ? deux pieds ne suffi-
roient-ils pas ?

LE JARDINIER SOLIT.

Non, il est d'une necessité ab-
soluë, que cette terre ait trois
pieds de profondeur, afin que
les arbres, & les legumes d'hyver

Ces legumes profitent : & faute de cette pro-
d'hyver sont fondeur, les arbres ne feroient
les Arti-
chaux & les que languir au bout de six an-
Racines. nées aprés y estre plantez, suivant l'experience que j'en ay.

LE CURIEUX.

Vous dites qu'il faut que cette terre n'ait point de méchant
goust, ni de mauvaise odeur ;
quelle est donc la maniere de le
connoistre ?

LE JARDINIER SOLIT.

On prendra une poignée ou

deux de cette terre, on la mettra tremper dans de l'eau fept ou
huit heures au moins; & aprés
l'avoir paffée dans un linge, l'on
gouftera de cette eau, & l'on en
fentira bien la mauvaife odeur,
& le méchant gouft.

Methode pour éprou-ver fi une ter-re n'a point de mauvai-fe qualité.

LE CURIEUX.

Il s'enfuivroit donc felon vôtre fentiment, que fi cette terre
avoit un méchant gouft, ou une
mauvaife odeur, les fruits & les
légumes participeroient à ces
mefmes qualitez.

LE JARDINIER SOLIT.

Il n'en faut point douter : l'é-
xemple que nous avons du vin
de Ruel proche de Paris, & qui
prend le gouft du terroir, en eft
une preuve convaincante ; il en
feroit de mefme des fruits & des

Les fruits & les légumes qui viennent dans une ter-re qui a une

A iij

légumes , ils n'auroient pas la mesme bonté que ceux qui viennent dans une bonne terre.

mauvaise qualité , ne sont pas esti-mez.

LE CURIEUX.

Ce que vous venez de me dire me paroist d'autant plus digne de remarque, qu'il y a des gens qui ne s'avisent point d'y faire attention ; & il arrive souvent qu'ils ont de tres - méchants fruits, quoi-que d'une bonne espece, sans en sçavoir la cause.

LE JARDINIER SOLIT.

Ce que vous dites est tres-veritable ; je sçay des personnes qui m'ont dit, par exemple, que la poire Colmart n'estoit point bonne dans leur jardin, cependant c'est la meilleure poire qui se mange en Janvier & Février.

Suite du mesme sujet qui confirme ce qui a esté dit.

Si ces Meſſieurs avoient exami-
né leur terre avant que d'y faire
leur jardin, ils ne ſeroient pas
dans la peine où ils ſe trouvent,
d'avoir des fruits de mauvais
gouſt, quoi-que d'ailleurs ils
ſoient d'eſpece tres-excellente.

LE CURIEUX.

Je profiteray de vos bons avis,
pour ne pas tomber dans cet inconvenient, & je feray dans peu
vôtre épreuve; car je ſuis ſur le
point d'acheter une maiſon, où
il y a une piece de terre de quatre arpents, dont je veux faire
mon jardin.

LE JARDINIER SOLIT.

J'ay encore un avis à vous *C'eſt un*
donner, qui n'eſt pas moins im- *grand avan-*
portant que celuy-là. C'eſt qu'il *tage à un*
faut que cette terre ait les qua- *voir les qua-*
jardin d'a-

tre expofi-tions du fo-leil.

tre expofitions du foleil, cela eft effentiel pour nourrir les fruits, & leur donner le gouft felon leurs qualitez, auffi-bien qu'aux légumes.

Le Curieux.

Je vous avouë que je ne penfois pas à cette obfervation, elle eft digne d'eftre remarquée. Mais fi la terre dont on m'a parlé, n'avoit pas les qualitez que vous me venez d'expliquer ; quelles autres qualitez faudroit-il qu'elle euft pour fuppléer à leur défaut ?

Le Jardinier Solit.

Autre bon-ne qualité de terre.

Pour lors je vous confeillerois de vous arrefter aux terres for-tes & franches, qui font rou-geaftres, qui fe manient aifé-ment, qui fe labourent avec fa-

cilité, & qui ne font ni froides ni
chaudes ; une telle qualité de
terre ayant trois pieds de profondeur, pourroit eftre propre à l'u-
fage que vous en voulez faire.

LE CURIEUX.

Cette terre me paroiftroit bonne ; mais dites-moy je vous prie,
n'y en auroit-il point encore d'u-
ne autre forte ?

LE JARDINIER SOLIT.

Oüy, mais comme vous m'a-
vez témoigné qu'il vous eft in-
different en quel lieu vous ayez
une maifon & un jardin, pour-
veu que vous y rencontriez un
bon terrein je vous confeille de
vous arrefter à l'un de ces deux,
dont je vous ay dit les qualitez :
vous vous en trouverez toûjours
bien. Car pour ces terres qui

A v

Qualité de terre qui n'est pas avantageuse pour y avoir un jardin.

font tardives, comme elles ont peine à s'échauffer au printemps, & que par consequent les semences n'y peuvent pas donner leur premiere production ; elles ne conviennent pas à un curieux ; elles font neanmoins mieux que ces terres légéres qui n'ont point de corps. Pour celles

Qualité d'une méchante terre.

qui font caftes ou argileufes, lourdes, humides & froides, elles ne font nullement propres au jardinage ; les arbres n'y profitent point, non-plus que les legumes.

LE CURIEUX.

Je vous fuis obligé de m'avoir fi bien fait connoiftre la difference d'une bonne terre d'avec une mauvaife. Je pars demain pour aller voir une maifon ; l'on me fait efperer que j'y trouveray un bon terrein.

LE JARDINIER SOLITᵣ.

Je souhaite que vous fassiez une bonne acquisition pour vô-tre satisfaction.

CHAPITRE II.

Du temps de foüiller la terre, &
de la maniere de le faire.

LE CURIEUX.

JE viens vous rendre compte de l'acquisition que j'ay faite, j'ay profité de vos bons avis, & j'ay eu l'avantage de trouver quatre arpents de terre, qui ont toutes les qualitez que vous de-sirez qu'elle ait; j'en ay fait l'é-preuve: & comme cette acqui-sition se trouve heureusement jointe à une maison, dites-moy de grace comment il faut que je

A vj

fasse pour y dresser mon jardin,
& pour y planter des arbres.

LE JARDINIER SOLIT.

Il faut d'abord faire foüiller
la terre ; l'on commence cet ouvrage en Automne. La foüille
doit estre de trois pieds de profondeur, en sorte que le dessus
soit mis dans le fond, & le fond
soit mis dessus, sans aucun mélange du fond avec le dessus.

Pour y bien reüssir, il faut commencer par faire mesurer quatre
toises de terre sur la largeur de la
piece, sur quatre pieds de longueur du terrein, (trois hommes
peuvent y travailler aisement) ;
faire oster toute la terre a trois
pieds de profondeur de ce qu'on
a fait mesurer, & la mettre à côté de cette tranchée, avec la précaution de mettre le dessus à côté.

Cette tranchée étant vuide, il faut faire mesurer la mesme quantité de terre ; faire mettre le dessus dans le fond de la tranchée qui est vuide, & continuer de jetter cette terre dans ladite tranchée jusques à trois pieds de profondeur, ce qui fera la mesme quantité de terre que l'on aura ostée de la premiere tranchée : ainsi elle se trouvera remplie par cette foüille ; aprés quoy il faudra observer la mesme methode de mesurer la largeur & la longueur marquée cy-dessus jusques au bout de ladite piece, qui se trouvera vuide d'une tranchée.

LE CURIEUX.

Je comprens bien ce que vous venez de me dire, mais ne faudra-t-il point faire porter la ter-

re qui eſt ſortie de la premiere
tranchée, pour remplir cette
derniere.

LE JARDINIER SOLIT.

Non, il vous en coûteroit trop,
les gens de journée ne deman-
deroient pas mieux; mais voicy
ce qu'il faut faire pour épargner
voſtre bourſe.

Il faudra commencer atte-
nant de cette tranchée déja vuide, à faire une pareille ouverture de quatre pieds de long, &
de quatre toiſes de largeur, &
toûjours de trois pieds de profondeur; & au lieu de jetter la
terre à coſté, comme on a fait à
l'ouverture de la premiere tranchée, on la jettera dans la tranchée vuide qu'il faut remplir,
laquelle ſera par ce moyen com-
blée par cette foüille.

Continuant ce travail de la *Suite du même sujet.* maniere que j'ay dit, on trouvera au bout de cette seconde piece une tranchée vuide, que l'on remplira de la terre qu'on avoit mise à costé de l'ouverture de la premiere piece. Je vous conseille de suivre cette methode jusques au bout de vos quatre arpens, afin que vostre terre soit bien foüillée.

Le Curieux.

Je fais refléxion sur ce que vous venez de me dire, & je trouve que vous m'exposez à faire une grosse dépense. S'il ne falloit foüiller la terre de trois pieds de profondeur qu'aux endroits destinez pour y planter des arbres, je vous avoüe que cela me paroistroit absolument nécessaire : mais pour les quarrez destinez à y mettre des legumes, je croirois qu'il n'en seroit pas besoin ; & encore moins pour les allées qui ne sont que pour l'usage de la promenade.

LE JARDINIER SOLIT.

Raison pour quoy l'on doit foüiller la terre de trois pieds de profondeur.

Quand je vous ay dit de faire foüiller toute vostre terre de trois pieds de profondeur , je ne l'ay pas dit sans connoissance de cause. Car cette terre estant foüillée de cette profondeur, elle est un temps à s'affaisser avant que ses parties s'unissent les unes aux autres ; cela fait qu'il demeure quelques concavitez où l'air entre, ce qui cause des humiditez:& le soleil qui est le pere de la génération , pénétre aisément jusques au fond : ainsi la chaleur de cet astre se joignant à l'humidité de l'air , perfectionne la terre en la rendant plus meuble, & forme une quantité de bonnes racines aux arbres, qui les rendent vigoureux, & qui les font pouſſer en perfection.

Pour ce qui regarde les légumes d'hyver, il faut de néceſſité que voſtre terre ait eu la meſme foüille de trois pieds de profondeur, ſi vous voulez qu'elles profitent. Je ſçay bien que pour les légumes que nous nommons verdures, comme ſalades & autres, elles pourroient venir ſans difficulté dans une terre qui n'auroit pas cette foüille; mais pour les racines & les artichaux qui pivottent, ce ne ſeroit pas de même : ils ne profiteroient point. Si vous ſuivez cette methode, le profit que vous en retirerez dans la ſuite des temps vous dédommagera au double de la dépenſe, que vous aurez faite.

Suite du même ſujet pour les légumes d'hyver.

LE CURIEUX.

Je conçois presentement la necessité de faire foüiller de trois
pieds de profondeur, non seulement pour les arbres, mais aussi
pour les légumes d'hyver; je conviens qu'elles pivottent, & qu'il
leur faut de la profondeur; mais
je ne puis pas m'imaginer à quoy
cette foüille de trois pieds peut
être utile aux endroits ou l'on fera les allées du Jardin.

LE JARDINIER SOLIT.

Afin de vous satisfaire je vous
en apporteray deux raisons.

*Raison pour-
quoy l'on
fait la même
foüille de
trois pieds de
profondeur
par tout.*

La premiere, est que toute
la terre de vôtre Jardin doit être
d'une égale hauteur. Or sans ce
travail il se trouveroit que les allées seroient bien plus basses que
les quarrez de vôtre terre; cet-

te foüille de trois pieds de profondeur hausse les dits quarrez
de plus de six pouces, vos allées n'étant pas foüillées seroient
par consequent plus basses de
six pouces que vos quarrez, cela
feroit un tres-mauvais effet ; de-
plus les eaux des pluyes qui tom-
beroient dans vos allées ne pourroient s'égouter, parce qu'elles
ne trouveroient pas de pente
dans leurs deux côtez. Vos allées
feroient donc long-temps im-
praticables & cela feroit tres in-
commode.

La seconde raison est que cette foüille des allées vous fera un
jour utile, lors, par exemple, que
vous aurez besoin de changer de
terre, car il arrivera que quand
à la place de quelques vieux arbres, vous en voudrez mettre
d'autres de la même espece, la

Seconde rai-
son qui fait
connoistre
l'utilité qu'-
on peut tirer
des allées
foüillées de
trois pieds de
profondeur.

terre de ce vieux arbre fe trouvera ufée, & le remede à cela ;
fera de prendre la bonne terre
de vos allées fans en aller chercher ailleurs, & de faire mettre
cette terre ufée à la place de celle que vous aurez fait ôter de vos
allées; fans cette précaution vous
feriez obligé d'en acheter, ce qui
vous cauferoit une dépenfe con-
fiderable.

LE CURIEUX.

Aprés de fi folides raifons, je
fuis refolu de faire la dépenfe neceffaire pour faire foüiller mes
quatre arpents de terre de trois
pieds de profondeur par tout ;
mais enfuite que faudra-t-il que
je faffe ?

Il faut dref-
fer au ni-
veau une
terre foüil-
lée.

LE JARDINIER SOLIT.

Toute la terre des quatre ar-

pents deſtinée pour faire vôtre
Jardin étant foüillée, on la dreſ-
ſera au niveau ſelon ſa pente, ce
qui ſe fait avec la regle ordinaire.

Le Curieux.

Il n'eſt pas beſoin que je vous
en demande la methode, il y a
long temps que j'ay un homme
qui ſçait niveler, & dreſſer des
terres : ainſi poſons le cas qu'elle
ſoit toute dreſſée, que reſte-t-il
à faire.

Le Jardinier Solit.

Il en faut faire la diſtribution,
mais pour la faire juſte, je feray
faire un deſſein qui vous agréera.

Le Curieux.

Vous me ferez plaiſir, car je
ſuis perſuadé que vous y don-
nerez tout l'agrément que de-

mande un Potager ; il suffit que
vous vouliez bien vous en charger pour qu'il soit approuvé.

CHAPITRE III.

Distribution d'une terre de quatre
arpents qui a été fouillée de
trois pieds de profondeur, &
qui contient soixante & treize
toises de long, & quarante-huit
toises de large.

LE JARDINIER SOLT.

LA distribution d'une terre
de quatre arpents pour un
Jardin fruitier & potager, dont
je vous donne icy la figure est la
plus estimée ; elle passe pour la
plus agreable, tant pour les arbres fruitiers, que pour les légumes,

tire,
uffit que
en char-
ué.

I.

le quain
tée de
er, &
treize
ti-huit

VI.

e terre
our un
, dont
e est la
our le
les ar-
kgu-

Le Curieûx.

En quoy faites vous conſiſter cét agrément ?

Le Jardinier Solit.

Vous le voyez dans le deſſein que je vous preſente ; c'eſt d'ê-tre plus long que large, d'avoir les allées d'une bonne largeur, acompagnées de plattes-bandes de trois pieds de chaque côté, qui ſoient bordées de differentes herbes aromatiques.

Un Jardin doit être plus long que lar-ge.

Le Curieux.

Plus je conſidere vôtre deſ-ſein, plus il me plaît : mais j'ay beſoin que vous m'expliquiez les differentes largeurs que vous donnez aux allées.

LE JARDINIER SOLIT.

La premiere allée attenant la Maiſon en entrant au Jardin aura plus de largeur que toutes les autres allées, à cauſe de la bonne grace qu'elle doit avoir préferablement aux autres; on luy donne vingt pieds de large.

Suite du mê-me ſujet.

L'allée du milieu du terrein qui eſt à la face de la Maiſon aura quinze pieds de large, & ſoixante & treize toiſes de long. Vous voyez encore deux allées de longueur dans le deſſein, l'une à droite, & l'autre à gauche, celles là n'auront chacune que douze pieds de large.

Les plattes bandes ne doiventpoint eſtre compri-ſes dans la largeur des allées.

Les trois allées qui ſont autour des murs auront la même largeur que celle du milieu, à ſçavoir quinze pieds de large; cette largeur ſera commode pour

pour la promenade, & pour conſiderer les arbres qui ſont en eſpalier.

LE CURIEUX.

Continuez je vous prie, à m'expliquer ce plan pour les allées de traverſe.

LE JARDINIER SOLIT.

Ces allées étant marquées, l'on diviſera le terrein comme vous le voyez dans ce deſſein pour les trois allées de traverſe. Pour celle du milieu on luy donne quinze pieds de large, à cauſe de la ſituation du baſſin qui doit être mis au milieu du Jardin, ainſi qu'il eſt repreſenté dans ce deſſein, pour y recevoir l'eau qui eſt l'ame d'un Jardin par les arroſemens qu'on luy donne. Les deux autres allées de traverſe

Suite du même ſujet pour la diſtribution des allées de traverſe.

B

n'auront que douze pieds de large. Il eſt à remarquer que toutes les platte-bandes qui accompagnent les allées, ne ſont point compriſes dans la largeur.

Le Curieux.

Aprés la diſtribution de la terre marquée pour les allées, je vois pluſieurs quarrez qui ſont repréſentez dans ce deſſein, quelle étenduë donnez-vous à chacun ?

Le Jardinier Solit.

Suite du mê-me ſujet pour la diſtribution des quarr. z.

Chaque quarré aura quinze toiſes, & quatre pieds de longueur, & neuf toiſes & quatre pieds de largeur. Cet eſpace eſt ſuffiſant pour ſemer des graines, & pour planter des arbres fruitiers: les platte-bandes qui ſeront autour des quarrez doivent avoir ſix pieds de largeur, & les arbres

fruitiers doivent être plantez di-
rectement au milieu.

LE CURIEUX.

Dans l'explication que vous
venez de me faire du deſſein, j'ay
remarqué que vous avez dit
que l'eau étoit l'ame du Jardin
par les arroſemens qu'il en re-
çoit. Je voudrois bien ſçavoir
comment les plantes en reçoivent le ſecours qui leur eſt neceſſaire pour leur production.

LE JARDINIER SOLIT.

La choſe eſt facile à comprendre, ſi vous ſuppoſez avec tout le
monde que la chaleur & l'humidité ſont les deux principes qui
donnent la vie végétative aux
plantes; & ſi vous me demandez
la raiſon de cela, je vous répondray qu'il y a un ſel dans la terre

*Ce qui don-
ne la vie vé-
gétative aux
plantes.*

B ij

qui l'anime & la fait agir. Ce fel
ne peut agir luy-même s'il n'eſt
diſſous ; car tant qu'il eſt forte-
ment attaché à la terre, & qu'il ne
fait qu'une maſſe comprimée a-
vec elle, il eſt incapable de l'action
neceſſaire pour une nouvelle production. Or par le moyen des arroſemens ce fel ſe diſſout & ſe
mélange avec toutes les parties
de la terre. Ces parties ainſi ani-
mées par ce fel ſe diſtribüent enſuite & ſe communiquent aux
racines des plantes qui y cher-
chent leur nourriture. Si la chaleur vient à s'y joindre, elle cuit
cette nourriture & la change en
la ſubſtance de la plante. C'eſt
ainſi que ces arroſemens joints
avec la chaleur donnent & con-
ſervent la vie végétative aux
plantes.

LE CURIEUX.

Je suis convaincu par vôtre explication de la necessité es arrosémens.

Je voudrois sçavoir à present ce que vous pensez sur les differents aspects du Soleil.

CHAPITRE IV.

Des aspects differents du Soleil, & de ses effets.

LE JARDINIER SOLIT.

LE Soleil par sa chaleur dissipe le froid & l'humeur grossiere de la terre, il la rend plus subtile & plus douce pour la végétation des semences & des arbres fruitiers. En effet c'est par la chaleur de ce bel astre, que la séve des arbres monte entre le

Effets du Soleil en general.

B iij

bois & l'écorce ; qu'elle y forme
des boutons, des feüilles, & des
fruits ; c'est enfin par le secours
de ses rayons qu'elle a la vertu
non seulement de faire meurir les
fruits ; mais aussi de leur donner
la grosseur, la bonté, & le coloris.

Le Curieux.

La description que vous venez de faire des effets du Soleil
engeneral me paroît tres juste.
Mais comme tout le monde convient que ces aspects sont differents, & que les uns sont plus
avantageux que les autres ; je
voudrois sçavoir sur chaque exposition en particulier, le fruit
qui y conviendroit le mieux.

Les avantages qu'on peut esperer de chaque exposition du Soleil en particulier.

LE JARDINIER SOLIT.

L'Exposition du Soleil levant commence le matin selon les differentes saisons jusqu'à une heure aprés midy ; elle est la plus avantageuse pour y faire un espalier de Peschers, dont le fruit doit être preferé à tout autre, à cause de sa bonté.

Exposition du Soleil levant.

LE CURIEUX.

Toutes sortes d'especes de pesches peuvent-elles meurir à cette exposition ?

LE JARDINIER SOLIT.

Oüy, car cette exposition est plus hâtive, elle rend les pesches plus grosses, plus en couleur, &

B iiij

d'un goût plus relevé ; c'est pourquoy toutes sortes de pesches y
réüssissent en perfection.

De l'Exposition du midy.

LE CURIEUX.

JE vous demande à present le
fruit qui convient le mieux à
l'exposition du midy.

LE JARDINIER SOLIT.

L'exposition du midy com-
mence depuis neuf heures du
matin, jusqu'à quatre heures du
soir.

Sentiment des Auteurs, qui ne veulent point qu'on mette des pefchers à l'expofition du Soleil du midy, & la raifon

Il y a des Auteurs qui ont
traitté de cette matiere, & qui
difent qu'elle n'est pas fi favora-
ble dans un terrein chaud pour
y planter des Peschers ; la raiſon
qu'ils en apportent est que
le fruit n'a pas le temps de meu-

rir, ni de prendre la grosseur na-
turelle qu'il doit avoir, étant sujet (disent-ils) à jercer & à tomber. Ils conclüent de là qu'à telle exposition l'on ne doit mettre
que des muscats, chasselas & fi-
guïers.

*qu'ils en ap-
portent.*

LE CURIEUX.

Comme vous vous cccupez à
faire des experiences, n'avez-
vous jamais fait planter des Peschers, & des poiriers à l'exposition du midy pour voir l'effet
que cela feroit dans les terres légéres & chaudes.

LE JARDINIER SOLLT.

J'ay fait l'experience sur un
espalier de peschers exposé au
Soleil du midy. Il donne des
pesches dont la grosseur & la
bonté sont admirables, & ce-

*Peschers &
Poiriersréüs-
sissent par-
faitement
bien à l'ex-
position du
Soleil du
midy.*

B v

pendant il eſt dans une terre légére & chaude ; à l'égard des
poiriers j'ay fait planter trois ar-
Experience. bres de *Colmart*, il y a bien ſept
ou huit années à la même expo-
ſition ; ils ſont à haute tige en eſpalier, & ils ne manquent point
tous les ans de donner des poires, dont la beauté & la groſſeur
font plaiſir ; elles ſont jaunes d'un
côté, & rouge de l'autre. Neanmoins quoy que je ſois ſeûr **de**
cette verité, je ne voudrois pas
donner ce conſeil pour tout autre climat, que celuy d'autour
de Paris, car celuy-cy eſt moins
chaud que celuy de certaines
Provinces.

LE CURIEUX.

Il ſeroit à ſouhaitter que tous
ceux qui font difficulté de mettre des peſchers & des poiriers

en espalier au Soleil du midy autour de Paris, fussent instruits de vôtre experience ; ils n'hesi-teroient point d'y en faire plan-ter, puisqu'ils y réüssissent si bien.

De l'exposition du Soleil couchant.

LE JARDINIER SOLIT.

L'Exposition du Soleil cou-chant commence depuis onze heures & demie jusqu'au cou-cher du Soleil ; elle n'est pas si avantageuse pour les fruits que celle du levant, car elle est plus tardive de huit ou dix jours ; mais elle a cet avantage qu'elle ne re-çoit gueres de dommage de la gelée, laquelle fond avant que le Soleil ait donné dessus, & qui tombe comme la rosée, en sorte qu'elle ne gâte rien. C'est pour-

L'heure à laquelle commence le Soleil cou-chant à don-ner sur l'es-palier.

L'avantage qu'on reçois du Soleil couchant.

B vj

quoy mon avis eſt qu'on y peut planter des Peſchers, Poiriers, Abricotiers & Pruniers.

LE CURIEUX.

Il ne me reſte qu'à vous demander les effets de l'expoſition du nord; j'ay toûjours oüy dire qu'elle ne valoit pas grand choſe.

LE JARDINIER SOLIT.

Dans les terres froides & humides le fruit ne profite point à l'expoſition du Nord.

Cela eſt vray à l'égard des terres qui ſont plus froides que chaudes; mais il n'en eſt pas de même dans les terres légéres & chaudes, ainſi que je vais vous l'expliquer.

De l'expoſition du Soleil du Nord.

Dans les terres légéres & chaudes comme le

QUoyque l'expoſition du Nord ait moins de Soleil que celle du couchant, le fruit ne laiſſe pas d'avoir son merite dans le climat de Paris qui est plus chaud que froid ; c'est pourquoy les poires d'été, la prune de *Mon-sieur*, le verjus, les abricots & les figues y reçoivent une chaleur suffisante, quoy que moderée, pour nourrir les fruits & les faire venir à leur maturité. J'avouë qu'ils seront plus tardifs, moins en couleur & d'un goût medio-cre, pour n'avoir pas eu le Soleil qui fait l'avantage des autres ex-positions ; mais aussi ils viennent ordinairement plus gros, & se mangent plus tard.

climat de Paris, le fruit vient à maturité à l'exposition du Nord.

LE CURIEUX.

Aprés avoir appris de vous les effets des quatre expositions du Soleil ; je voudrois bien avoir vôtre sentiment sur les accidents qui peuvent arriver à chaqu'une en particulier.

Accidents de l'expofition du Soleil Levant.

LE JARDINIER SOLIT.

L'Expofition du Soleil levant eft fujette aux vents de Nord-eft, à un vent roux, & à une bife feche qui brouïffent les feüilles des pefchers, les recoqüillent, & font tomber beaucoup de fruits à noyaux & à pepins quand ils commencent à fe noüer.

Accidents de l'expofition du Soleil du midy.

Les arbres à haute tige qui portent des fruits d'hyver ne réüffiffent. point au Soleil du midy Raifon pourquoy.

L'expofition du Soleil du Midy eft à couvert des vents de Ga-lernes au printemps ; mais elle eft rudement battuë des vents du midy depuis la my-Aouft, jufques à la my-Octobre. Les arbres de haute tige n'y réüffiffent pas à caufe que les fruits d'hyver y tombent avant leur maturité.

L'experience ne me l'a fait que trop connoître. C'eft la raifon pourquoy je vous confeille d'y mettre des fruits d'efté, qui fe cueillent avant que ces grands vents arrivent.

Avis tres important pour l'expofition du midy.

Accidents de l'expofition du Soleil couchant.

L'expofition du couchant eft fujette au vent malfaifant de Galerne, qui gâte les fleurs au printemps, & brouit les feüilles & les jets tendres. De plus elle eft battuë des grands vents du couchant pendant l'automne.

Suite du même fujet de l'expofition du couchant.

LE CURIEUX.

Si l'on pouvoit fe garentir de ces accidens, on ne feroit pas privé de ces bons fruits, comme

il arrive tres souvent. Je vous
demande à present comment il
faut disposer les murs pour y
faire un treillage, afin d'y palisser les arbres.

CHAPITRE V.

Treillage pour les espaliers des murs.

LE JARDINIER SOLIT.

La distance à laquelle doivent être scellez les crochets.

IL faut commencer par faire sceller des crochets de trois pieds de distance l'un de l'autre en eschiquier, & qui ayent deux pouces de sallie pour poser les échalas.

LE CURIEUX.

Quelle est la meilleure qualité de bois qui doit être employée à faire un treillage.

LE JARDINIER SOLIT.

Le bois de chefne eft le plus
en ufage, parce qu'il eft le plus
de durée, pourvû qu'il n'y ait
point d'aubié.

Pour faire un treillage, le bois de Chefne doit eftre preferé à tous autres.

LE CURIEUX.

Je fuivray vôtre avis ; mais ce
n'eft pas affez d'avoir des échalas ; il faut fçavoir la maniere de
les employer en treillage.

LE JARDINIER SOLIT.

Ayant la quantité d'échalas
neceffaires pour être employez
au tour des murs, l'ouvrier les
preparera pour les dreffer feule-
ment fans les affoiblir ; & enfuite on les pofera fur les crochets, en forte qu'ils foient mis
les uns fur les autres. Les mailles doivent être de fept pouces

Methode d'employer les échalas en treillage de bois.

de large, ſur huit pouces de hauteur : elles auront meilleure grace en quarré long, qu'en quarré parfait. On les liera avec du fil de fer, & l'on continuera cet Ouvrage tout au tour des murailles : Vôtre treillage étant fait, vous ferez peindre vos échalas de quelque couleur en huile, ils en ſeront d'une plus longue durée.

Le Curieux.

On m'a dit, qu'il y a une autre ſorte de treillage, qui ſe fait en fil de fer, en ſçavez-vous l'uſage ?

Le Jardinier Solit.

Experience qu'on a des treillages de fil de fer tres utile pour la durée.

Je le dois bien ſçavoir, puiſ-qu'il y a plus de dix ans, que j'en ay fait faire la premiere fois. Ce treillage eſt d'une grande épargne, & de longue durée. A la verité il ne marque pas aux murailles, comme font les échalas, mais il ne laisse pas d'avoir son utilité pour bien palisser les arbres, sans endommager les branches, quoi qu'en disent quelques-uns, qui prétendent que le fil de fer écorche & coupe les branches des peschers qui sont palissez, & qu'il les fait perir. Il me paroît qu'ils en ont parlé sans en avoir fait l'experience. Je ne me suis pas encore apperçû que le fil de fer ait endommagé aucune branche ; c'est pourquoi j'ay continué d'en faire faire encore un depuis deux ans ; on ne doit donc point apprehender qu'il en arrive aux arbres aucun accident, l'experience m'a fait connoître le contraire.

Erreurs de quelques auteurs qui disent que le treillage en fil de fer est préjudiciable aux branches des peschers.

Preuve du contraire expérimentée.

LE CURIEUX.

Quoi-que je n'aye pas besoin de faire faire pour le present cette sorte de treillage de fil de fer, je souhaitterois neanmoins sçavoir par curiosité la maniere dont il se fait, & à quoy se peut monter l'épargne.

CHAPITRE VI.

Maniere de faire les treillages en fil de fer.

LE JARDINIER SOLIT.

Hauteur & distance des crochets.

SUPPOSÉ que le mur où l'on veut faire un treillage de fil de fer ait neuf pieds de hauteur, on fera sceller trois rangées de crochets d'une égale hauteur; la distance de ces crochets fera de deux pieds. Sur chaque rangée feront mis des échalas de neuf pieds, affemblez par les bouts, & attachez avec le fil de fer aux crochets de chaque ran-gée.

L'on mettra de fix toifes en fix toifes un échalas, de la hau-teur du mur ; il fera attaché à un crochet de chaque rangée en hauteur. On met ces échalas deffus les crochets, afin que le treillage de fil de fer foit bien bandé & attaché. L'on en fera les mailles de la même maniere que fi c'étoit un ouvrage fait en bois; c'eft à-dire de fept pouces de longueur fur huit de hau-teur.

L'épargne en eft confiderable: la dépenfe va à deux tiers moins, que de ceux qui fe font avec des échalas, & il dure infiniment davantage.

Le treillage de fil de fer eft d'une é-pargne con-fiderable.

Les tringles de fer peuvent être utiles pour un treillage de fil de fer.

Que si au lieu d'échalas l'on vouloit se servir de tringles de fer, comme celles que les Vitriers employent aux paneaux des vitres, on n'en verroit de longtemps la fin.

Le Curieux.

Je suis bien aise d'avoir appris la méthode de faire un treillage de fil de fer. Revenons, je vous prie, aux ouvrages qu'il y a à faire à nôtre nouveau jardin.

La treillage en bois étant achevé, il faudra des arbres pour les y planter ; je n'ay aucune connoissance des bons fruits tant en pepins qu'en noyaux ; je voudrois bien que vous me fissiez un détail de ceux qui sont les plus estimez ; vous m'obligeriez aussi de me dire le temps de leur maturité.

CHAPITRE VII.

Détail des Poires qui font les plus eſtimées, & le temps de leur maturité.

LE JARDINIER SOLIT.

JE commence mon détail par les poires d'été qui font les plus exquiſes.

Poires d'été des mois de Juillet & Aouſt.

Le *Petit muſcat* eſt une des premieres poires qui ſe mangent; elle eſt fort petite; elle a l'odeur de muſc, & le goût tresrelevé : il n'y a point de curieux, qui n'en ayent dans leur jardin. *Petit muſcat eſt demy beurrée.*

La *Cuiſſe - madame* eſt longuette, rouge, & jaune, elle a l'eau ſucrée. *Cuiſſe Madame eſt demy-beurrée.*

La poire ſans peau reſſemble

Poire sans peau est demy beurrée. assez au Rousselet pour la figure & pour le goût, elle est en maturité vers la fin de Juillet, & elle est estimée des curieux pour sa bonté.

Blanquette est cassante. La *Blanquette* est plus longue que ronde ; sa peau est lissée, elle a l'eau relevée & sucrée, elle se garde assez de temps.

Poire à la Reine est tendre, c'est-à-dire, qu'elle n'est ni beurrée ni cassante. La poire *à la Reine* a plusieurs noms ; elle se nomme le *Muscat Robert*, & la *poire d'ambre* : elle est plus grosse que le petit muscat, plus jaune & d'un goût tres-relevé.

Bellissime est une poire demy-beurrée. La *Bellissime* ou *supréme* est une poire, qui a la figure d'une grosse figue, sa couleur est jaune foüetté de rouge : elle a bon goût : il la faut cueillir un peu verte, étant sujette à cotonner.

Rousselet de Reims est demy-beurrée. Le *Rousselet* de Reims est connu pour être une des meilleures

leures poires qu'il y ait ; il eſt beurré muſqué : il vient plus gros en eſpalier, qu'en plein vent ; mais il n'a pas un ſi grand goût que celuy qui vient ſur les hautes tiges.

Il y a encore une autre poire Rouſſelet qui eſt plus petite ; elle a un gouſt plus relevé, & n'eſt pas ſi ſujette à mollir ; elle ſe garde plus long-tems, & eſt excellente pour confire.

La *Caſſolette* eſt une poire, qui a la figure d'une caſſolette, ce qui luy en a fait donner le nom. Elle eſt verdâtre, ſon eau eſt tres-muſquée, & ſucrée ; l'arbre charge beaucoup : elle ſe garde aſſez de temps, ce qui n'eſt pas ordinaire aux fruits d'eſté.

Caſſolette eſt caſſant & tendre.

La *Bergamotte* d'eſté reſſemble aſſez à la Bergamotte d'automne ; il y en a qui la nomment

Bergamotte d'eſté eſt demi beurrée.

C

Milan d'esté: elle a l'eau sucrée

L'Inconnu chéneau est cassant.

L'*Inconnu chéneau* se nomme aussi *la fondante de Bresse:* quoiqu'elle se nomme fondante, elle ne l'est pas; c'est une poire qui est cassante, plus longue que ronde, qui a du rouge & du jaune, point pierreuse; son eau est sucrée & relevée; l'arbre donne beaucoup de fruit.

Robine est demi cassante.

La *Robine* qui se nomme aussi la *Royale d'esté,* est petite, & vient plus grosse sur coignassier que sur franc: son fruit vient sur les arbres par bouquets; elle est tres-musquée, sucrée & estimée des curieux.

Poires du mois de Septembre.

Bon chrétien d'esté est demi cassant.

Le *Bon-chrétien d'esté* est connu de tout le monde, il est jaune, lissé, long, plein d'une eau sucrée; quoi-qu'il ne soit pas estimé des curieux, il a néanmoins son merite dans les terres chaudes.

Le *Bon-chrétien musqué* est une poire longue, d'une grosseur raisonnable : sa peau est jaune, lissée, foüettée de rouge, lorsqu'on a soin d'ôter les feuilles, qui la cachent au soleil : sa chair est cassante, d'un goût parfumé, & son eau sucrée. Il y a des auteurs qui disent qu'elle ne reüssit pas greffée sur coignassier, & qu'il faut la greffer sur franc. Ils trouveront bon que je leur dise, que l'experience que j'en ay faite sur le coignassier, reüssit aussibien que sur le franc ; avec cette difference, que l'arbre sur le franc dure davantage que sur le coignassier.

L'*Orange rouge* est une poire d'un rouge de corail, qui a l'eau

Bon-chrétien musqué d'esté est cassant.

Les arbres greffez sur franc durent davantage que sur coignassier.

Orange rouge est cassante.

C ij

bien sucrée : il faut la prendre un peu verte pour qu'elle ne soit pas cottoneuse.

L'*Orange musquée* est plus estimée que la rouge ; mais elle n'est pas si grosse ni si connuë.

Le *Salveati* est une poire de moyenne grosseur, elle est ronde, belle & jaune, elle prend du rouge, quand on ôte les feüilles qui la cachent au soleil ; elle est d'un goust excellent : son eau est sucrée.

La *Verte longue* ou moüille-bouche est longue & verte, même quand elle est meure. Elle est tres-fondante & d'une bonne eau dans les terres chaudes, & seches : dans les terres humides, elle n'est pas si excellente.

Le *Beurré rouge* dit *d'Anjou*, est une grosse poire agreable à la veuë, qui est fort colorée ; son beurré est si fondant qu'elle en porte le nom ; son eau est tres-sucrée : l'on a cet avantage que les arbres chargent presque tous les ans en quantité, & dans toutes sortes de terreins.

Le *Beurré gris* n'est pas si haut en couleur que le rouge ; mais j'estime son beurré plus fin, à cause d'un fumet qu'il a & que le rouge n'a pas, il est aussi plus tardif.

Cette poire n'est pas seulement beurrée, mais aussi tres-fondante aussi bien que le Beurré rouge.

La *Bellissime* ou *Vermillon* est rouge comme le vermillon, elle a la figure de la Cuisse-madame, & son goût en approche, mais elle est plus grosse ; son eau est sucrée : pour l'avoir dans sa parfaite bonté, il faut qu'elle se détache de l'arbre.

Bellissime d'automne est cassante.

Il faut mettre de la paille au pied de l'arbre, pour empescher qu'elle ne soit point meurtrie en tombant.   C iij

Ce qu'il faut observer afin que le fruit ne soit point meurtri en se détachant de l'arbre.

Poires du mois d'Octobre.

Meſſire-Jean doré eſt caſſant.

Le *Meſſire-Jean doré* eſt une poire ancienne qui a ſon mérite pour ſon eau qui eſt ſucrée.

Meſſire-Jean gris eſt caſſant.

Le *Meſſire-Jean gris* ſe garde plus long-temps que le doré, la chair en eſt plus ferme.

Bergamotte Suiſſe eſt fondante.

La *Bergamotte Suiſſe* eſt la premiere Bergamotte qui ſe mange; elle eſt auſſi beurrée que celle d'automne: elle eſt rayée de vert & de jaune, & elle eſt tres-ſucrée.

Bergamotte d'automne eſt beurrée & fondante.

La *Bergamotte d'automne* eſt groſſe, liſſée, platte, & beurrée, & quoy-qu'elle ſoit verte, quand on la cueille, elle ne laiſſe pas de devenir un peu jaune en meuriſſant ſur les tablettes, qui doivent être de bois de cheſne, afin qu'elle ne prenne point de goût étranger; elle ſe garde juſqu'au mois de Decembre.

La *Verte-longue panachée* est rayée de verd & de jaune comme la bergamotte Suisse ; elle a la même bonté que la Verte-longue ordinaire.

Verte longue pana-chée *est fon-dante.*

La *Dauphine* ou *Franchipane* est plus longue que ronde, plus grosse que petite ; elle est lissée & jaune ; elle est des plus fondantes & des meilleures. Son eau est douce & sucrée, elle a le goût de franchipane ; c'est ce qui luy a fait donner ce nom par les curieux.

Dauphine ou Franchi-pane *est fon-dante.*

Le *Sucré-verd* est une poire qui est plus ronde que longue ; elle est assez grosse, tres-excellente à cause de son goût de sucre, elle est estimée de tous les curieux : l'arbre charge beaucoup, on la nomme *sucrée-verte,* parcequ'elle est toûjours verte.

Sucré-verd *est beurré,*

Doyenné
est beurré.

Le *Doyenné* est une poire qui est grosse : elle devient jaune comme un citron : son eau est sucrée : dans les années seches elle a un fumet qui la fait estimer.

Poires du mois de Novembre.

Marquise
est beurrée & fondante.

La *Marquise* est une grosse poire : elle ressemble au bon chrétien d'hiver par sa figure, elle est néanmoins un peu pointuë vers la queuë : elle est verte quand on la cueille, mais elle jaunit en meurissant : elle est tres-beurrée & fondante, son eau est sucrée & musquée ; c'est une des plus excellentes poires.

Bergamotte de Cresane
est fondante.

La *Bergamotte de Cresane* est grosse & ronde, d'un gris verdâtre qui jaunit en meurissant ; elle est fondante, & a l'eau sucrée ; elle a une acreté agreable au goût, & qui luy donne une bonne qualité : son sucre est fin, elle est tres-estimée des curieux.

La *Jalousie* est une poire qui est grosse, un peu pointuë vers la queuë & d'une couleur grisâtre, qui tire sur celle du Martinsec ; elle a beaucoup d'eau & par consequent est fondante. Elle a le deffaut de mollir, si on ne la cueille pas un peu verte.

Jalousie est fondante.

Le *Satin* est rond ; sa peau est jaune & lissée comme un satin, il est fondant ; son eau est sucrée, il est estimé pour une bonne poire.

Satin est fondant.

La *Pastorale* a la figure comme la poire de Sainlezin qui est un peu longue, mais plus grise ; elle est fondante & excellente : elle se garde jusqu'au mois de Decembre.

Pastorale est fondante.

La *Virgouleuse* est une poire ancienne, qui est bien connuë pour sa bonté, elle est fondante

Virgouleuse est beurrée & fondante.

C v

& beurrée. Sa figure est longue
& verte ; elle jaunit en meurissant. Il faut toûjours prendre la
précaution de ne la point mettre
dans un lieu enfermé, ni sur la
paille, ni sur des planches de sa-
pin, mais sur des planches d'un
bois de chesne, qui n'a point d'o-
deur, ou sur le plancher ; afin
qu'elle ne prenne point de mauvais goût.

Epine d'hyver est fondante & beurrée.

L'*Epine d'hyver* est plus longue que ronde : elle est verte,
& jaunit un peu en meurissant ;
elle est tres-fondante & musquée : elle a le goût plus fin
quand elle est greffée sur le coignassier, que sur le franc.

Ambrette est fondante.

L'*Ambrette* est estimée pour sa
bonté ; elle est ronde, & d'une
eau sucrée ; elle est plus exquise
quand elle est greffée sur coignassier que sur franc : dans les

terres fortes elle eſt griſe, & dans les terres légeres elle eſt plus blanchâtre & plus hâtive : elle a auſſi le goût plus relevé.

La *Merveille d'hyver* eſt une poire dont la figure eſt inégale, n'étant ni ronde ni longue ; elle eſt verdâtre, elle a l'eau trés-agreable, & d'un beurré tres-fin.

Merveille d'hyver eſt fondante & beurrée.

La *Saint-Germain* eſt groſſe & longue, elle eſt tres-beurrée & fondante ; elle eſt verdâtre, elle jaunit en meuriſſant ; on en mange juſqu'au mois de Mars : quand on veut qu'elle ſe garde auſſi long-temps, il faut la cueillir un peu verte & la mettre dans un lieu qui ne ſoit ni chaud, ni froid, afin qu'elle ne ſoit point ridée : ſon arbre fait un beau buiſſon, & charge beaucoup. Cela fait un plaiſir d'autant plus grand, que ſon fruit eſt une des

S. Germain eſt fondante & beurrée.

meilleures poires d'hyver que nous ayons; & des plus estimées chez les curieux.

Martin-sec est cassant. Le *Martin-sec* est connu pour être ancien, il est plus long que rond, & prend aisément du rouge; son eau est sucrée; il est cassant, il se garde jusqu'au mois de Février.

Poires d'hyver.

Rousseline est beurrée. La *Rousseline* est longue, & plus pointuë vers la queuë que le Rousselet: son goût a un si grand rapport avec celuy du Rousselet, qu'on luy a donné le nom de Rousseline; elle est sucrée & musquée: dans les années humides elle a plus d'eau que dans les années seches.

Colmart est beurré & fondant. Le *Colmart* est gros, plus long que rond: il est beurré & fondant; son eau est sucrée, & d'un

goût tres-fin : c'eſt une des plus
excellentes poires que nous a-
yons pour l'hyver ; elle ſe garde
juſqu'à la fin de Mars, pourvû
qu'on obſerve ce que j'ay dit
pour la S. Germain.

Le *Bezy de Chaumontel* eſt une
poire qui eſt groſſe & longue ; ſa
peau eſt ſemblable à la poire de
Beurré gris, elle eſt demi beurrée & fondante, elle a l'eau ſucrée.

Bezy de Chaumontel eſt demi beurré.

Le *Bezy de Chaſſery* eſt une poire qui eſt raiſonnablement groſſe ; elle eſt ronde en ovale, beurrée & fondante ; ſon eau eſt ſucrée & muſquée. C'eſt la plus
excellente poire que nous ayons
pour l'hyver ; & je conviens avec
un Auteur qui en a écrit, que
c'eſt un fruit parfait dans ſa bonté.

Bezy de Chaſſery eſt beurré & fondant.

M. Merlet dans ſon abregé des bons fruits

Le *Bon-chrétien* d'hyver eſt

Bon-chré-

une ancienne poire connuë de tout le monde, pour son espece & sa qualité : elle dure jusqu'au printemps.

tien d'hyver est cassant.

L'*Angelique de Bordeaux* ressemble au Bon-chrétien d'hyver, mais elle est plus platte, & moins grosse ; elle est cassante : son eau est aussi sucrée que celle du Bon-chrétien d'hyver : elle se garde long-temps.

Angelique de Bordeaux est cassante.

La *Bergamotte de Pasques* ou *Bergamotte d'hyver* n'est pas si grosse que la Bergamotte d'automne, mais elle a le même goût, & j'estime qu'elle a l'eau plus sucrée.

Bergamotte de Pasques est beurrée & fondante, elle n'est pas la Bugie.

La *Bergamotte de Soulers* n'est pas si platte que la Bergamotte d'automne : elle est tachetée de noir, elle est beurrée & fondante, son eau est sucrée, elle se mange en Février & Mars.

Bergamotte de Soulers est beurrée & fondante.

La *Royale d'hyver* eſt une poi-re nouvelle qui a la figure & la groſſeur d'une poire de Bonchré-tien d'eſté ; elle eſt jaune & de-mi-beurrée, elle a l'eau tres-ſu-crée, on la mange en Janvier Fé-vrier & Mars : on dit qu'on l'a apportée de Conſtantinople pour le Roy, qui l'a trouvée à ſon goût.

Royale d'hyver paſ-ſe pour un demi beur-ré.

LE CURIEUX.

Me voila bien inſtruit ſur la qualité des bonnes poires, mais je m'apperçois que vous n'avez fait aucune mention des bonnes poires à cuire pour faire des com-poſtes.

LE JARDINIER SOLIT.

Il eſt vray que je n'ay point parlé de ces ſortes de poires, ayant jugé, que le Bonchrétien

Le Bon-chrétien d'hyver doit être preferé

pour les composes à toute autre poire à cuire.

d'hyver étoit superieur en bonté à toutes les autres poires telles que sont le *Certeau*, le *Franc-real*, la *Donville*, l'*Angobert*, &c. j'ay suivi en cela le sentiment d'une personne d'un bon discernement, qui préferoit en composte le Bon-chrétien d'hyver à toute autre poire. Si néanmoins vous desirez avoir dans vôtre Jardin quelques poires à cuire, je vous conseille de preferer celles que je viens de nommer. En ce cas il faudra ôter quelques arbres de Bon-chrétien d'hyver, ou d'autres especes, que vous jugerez à propos, du nombre des arbres qui seront mentionnez dans vôtre memoire, afin qu'il se trouve juste pour remplir les places destinées à vôtre plant.

LE CURIEUX.

Je connois les poires à cuire que vous m'avez nommées, & je sçay qu'elles sont excellentes en composte; mais puisque vous m'assûrez que le Bon-chrétien d'hyver leur est superieur en bonté, il doit avoir la préférence. Maintenant je vous prie de me donner un dénombrement des meilleures pesches, afin de les bien connoître.

CHAPITRE VIII.

Enumeration des meilleures & des plus excellentes Pesches, avec leur figure & leurs qualitez.

LE JARDINIR SOLIT.

JE commenceray cette énumeration par les pesches qui sont les plus hâtives.

Avant peſ-
che blanche.

L'*Avant-peſche blanche* eſt la
premiere que l'on mange, elle
eſt petite, elle a l'eau ſucrée &
muſquée : l'arbre charge beaucoup, & il n'y a point de curieux,
qui n'en ait un ou deux dans ſon
Jardin.

Avant
peſche de
Troyes.

L'*Avant-peſche de Troyes* eſt
un peu plus groſſe que l'Avant
peſche blanche : elle eſt rouge
comme le vermillon : ſon goût
eſt relevé, muſqué, ſon arbre
donne beaucoup de fruit, ce qui
fait plaiſir à voir, il faut en avoir
quelques-uns.

Double de
Troyes.

La *Double de Troyes* eſt une
peſche de moyenne groſſeur,
elle eſt d'un goût relevé pareil
à celuy de l'Avant - peſche de
Troyes.

Alberge
jaune.

L'*Alberge jaune* à la chair jaune, & d'une mediocre groſſeur,
d'un goût excelent, quand on

la laisse meurir sur l'arbre.

La *Pourprée hâtive* est grosse
& d'un beau rouge, son goût est
tres-fin & délicieux ; c'est une
des plus excelentes pesches ; elle se mange à la fin de Juillet &
dans le mois d'Aoust.

La *Mignonne* est une pesche
qui est grosse, un peu plus longue que ronde ; elle a un côté
plus élevé que l'autre, elle est
belle en couleur, son eau est sucrée ; elle est des plus exquises.

La *Magdelaine blanche* est ronde, son eau est sucrée & vineuse,
ce qui l'a toûjours fait estimer
des curieux,

La *Pesche païsanne* est d'une
moyenne grosseur ; elle est ronde
& rouge en dedans & en dehors, sa chair est delicate & plei-
ne d'eau. Les anciens Jardiniers
luy ont donné le nom de *Magde-*

Pourprée
hâtive.

Mignonne.

Magdelaine
blanche.

Pesche pai-
sanne.

laine rouge, mais ce n'eſt pas la veritable ; j'en feray mention avec les peſches du mois de Septembre qui eſt le tems qu'elle ſe mange.

Chevreuſe. La *Chevreuſe* eſt eſtimée pour avoir l'eau douce & ſucrée, elle eſt plus longue que ronde, d'une bonne groſſeur, elle prend un rouge vif, l'arbre a cet avantage qu'il charge beaucoup, elle ſe mange au mois d'Aouſt.

Royale. La *Royale* eſt de moïenne groſſeur, d'un rouge reluiſant, plus ronde que longue, elle a la chair fine & l'eau ſucrée.

Druzelle. La *Druzelle* eſt plus longue, que ronde, elle eſt bien colorée & agreable au goût.

Bourdine. La *Bourdine* eſt d'une bonne groſſeur, ſon goût eſt vineux, elle eſt eſtimée pour une excellente peſche, l'arbre en plein

vent charge beaucoup de fruit
tres-beau.

La *Violette hâtive* eft de deux
fortes, la grofse & la moïenne :
cette derniere eft plus eftimée,
parce qu'elle eft vineufe. La groffe n'eft pas moins fondante ; mais
elle n'eft pas vineufe ; elle a néanmoins fon mêrite par fa grof-
feur & par fon goût qui eft ex-
cclent.

La *Chanceliere* eft belle , &
plus longue que ronde : fa couleur eft d'un beau rouge, fa peau
tres-fine, fon eau fucrée, & tres-
excellente.

La *Blanche d'Andilly* eft groffe, ronde, blanche dedans & dehors ; fon goût eft eftimé pour
fon eau fucrée.

L'*Admirable* eft groffe & ronde ; elle a beaucoup de rouge,
fa chair eft délicate : elle a l'eau

Violette.
hâtive.

Chancelie-
re.

Blanche
d'Andilly.

Admira-
ble.

sucrée, son goût est estimé ; elle se mange au commencement de Septembre.

Nivette.

La *Nivette* prend du rouge, elle est plus longue que ronde, d'une belle grosseur ; son goût est relevé, & son eau sucrée, ce qui la fait estimer pour une des meilleures pesches : elle se mange à la mi-Septembre.

Persique.

La *Persique* vient d'un noyau de pesche de Pau : elle est tres-grosse, plus longue que ronde & d'un beau rouge ; elle a des petites bosses, son goût est tres-délicat.

Magdelaine rouge.

La veritable *Magdelaine rouge* est grosse, un peu plus longue que ronde, elle a un beau coloris, son eau est sucrée & relevée, c'est une excellente pesche : les plus grands curieux l'estiment : elle se mange à la fin de Septembre.

La *Belle de Vitry* eft groffe & ne prend pas beaucoup de rouge ; elle eft un peu plus ronde que longue, fon eau eft agreable, elle fe mange au mois de Septembre.

Belle de Vitry

La *Belle-garde* eft groffe, & ne prend pas beaucoup de rouge, elle eft plus longue que ronde ; l'eau en eft fucrée, c'eft une tres-bonne pefche.

Belle-garde.

La *Violette tardive* ou panachée a fon mérite pour fa qualité, particulierement quand l'automne eft feche ; elle fe mange au commencement d'Octobre.

Violette tardive.

Le *Brugnon violet* devient mufqué, fi on le laiffe meurir, jufqu'à ce qu'il fe détache de l'arbre, pour lors c'eft un manger délicieux.

Brugnon violet.

L'*Abricottée* ou l'*Admirable*

Abricottée.

jaune a la figure de l'Admirable ordinaire pour sa grosseur, & son rouge ; sa chair est comme celle de l'Abricot, son goût est estimé dans sa saison, elle se mange à la fin de Septembre.

Pesche de Pau.

La *Pesche de Pau* est de deux sortes, la longue & la ronde ; cette derniere est plus estimée que l'autre, néanmoins elles sont toutes deux bonnes ; je ne vous conseille pas d'en avoir dans vôtre Jardin en quantité.

Pavie rouge de Pomponne.

Le *Pavie rouge de Pomponne,* ou *monstrueux* est rond, il est d'un rouge incarnat ; son goût est musqué, & son eau sucrée, il se mange à la fin de Septembre.

LE CURIEUX.

La peine que vous prenez de m'apprendre à connoître les meil-

meilleures pefches par l'énumeration que vous venez de m'en
faire, me donne lieu de vous demander quelles font les meilleures prunes.

CHAPITRE IX.

*Détail des meilleures prunes, avec
leur figure & leurs qualitez.*

LE JARDINIER SOLIT.

L E *Gros Damas de Tours* eft Gros Da-
une prune hative, qui a la mas de
chair jaune: elle quitte le noyau, Tours.
elle eft eftimée pour fa bonté.

La *prune de Monfieur* eft groffe, Prune de
ronde, violette ; elle quitte le Monfieur.
noyau, & n'eft pas d'un goût fort
relevé, mais elle ne laiffe pas
d'avoir fon mérite dans les terres légéres & chaudes, où elle
eft incomparablement meilleu-

D

re que dans les terres humides.

Damas rouge, blanc & violet. Les *Damas rouge, blanc, & violet*, ont tous une même qualité : ils quittent le noyau, font tres fucrez & eftimez : le *Violet* eft longuet, les deux autres font ronds.

Diaprée. La *Diaprée* eft une prune longue, tres fleurie, qui quitte le noyau, & qui paffe pour excellente.

Mirabelle. La *Mirabelle* eft une petite Prune qui a la couleur d'ambre quand elle eft meure : elle eft bien fucrée, elle quitte le noyau, elle a une bonté admirable en confitures : il y en a de deux fortes, la groffe & la petite : je les eftime également bonnes.

Mangeron. La *Mangeron* eft violette, groffe & ronde ; elle quitte le noyau, elle eft d'une bonté qui fait qu'elle mérite d'être mife au nombre des excellentes prunes.

Le *Damas* d'*Italie* est une pru- Damas d'I-
ne presque ronde, & d'un vio- talie.
let brun, elle est fleurie, elle a
l'eau sucrée, elle quitte le noyau:
j'estime qu'elle est une des bonnes prunes.

La *Reyne Claude* est blanche Reyne
& ronde ; son eau est tres-su- Claude.
crée, la chair en est ferme, elle
quitte le noyau, elle est fort estimée ; elle doit être mise au nombre des prunes curieuses.

La *Royale* est grosse & ronde, Royale.
son rouge est clair, elle est bien
fleurie : elle a un goût fort relevé, qui ne cede en rien à celuy
du *Perdrigon*, elle quitte le
noyau.

La *Sainte Catherine* est blan- S. Cathe-
che, & prend la couleur d'am- ne.
bre en meurissant sur l'arbre ;
elle a l'eau sucrée, elle est excellente mise en confitures.

D ij

Drap d'or.

Le *Drap d'or* eſt une eſpece de Damas ; il n'eſt pas bien gros : ſa peau eſt jaune, marqueté de rouge : il eſt d'un goût tres - fin, & ſucré : l'arbre n'a pas l'avantage de charger extrémement, cependant j'ay vû des années où il chargeoit beaucoup.

Perdrigon violet.

Le *Perdrigon violet* eſt une prune plus longue que ronde, elle eſt d'un goût fort relevé, elle a toûjours été eſtimée pour ſa bonté. Il y en a une eſpece qui ne quitte pas le noyau, & une autre qui le quitte : la derniere eſt la plus eſtimée, quoique toutes les deux ſoient excellentes, tant cruës que confites.

Perdrigon blanc.

Le *Le Perdrigon blanc* eſt d'un goût auſſi relevé que le violet : il quitte le noyau, il eſt excellent cru & confit.

Imperiale violette.

L'*Imperiale violette* eſt une

prune, qui quoy-qu'ancienne, sera toûjours estimée pour sa bonté ; elle est grosse & longue, bien fleurie ; son eau est tres-relevée & sucrée. Les Curieux l'estiment pour une des plus excellentes prunes, particulierement dans les terres légéres & chaudes : elle n'est pas sujette aux vers, quand elle est greffée sur amandier.

Remarque utile à mettre en pratique.

Le *Damas musqué* est petit & plat ; il est bien fleuri & musqué ; il quitte le noyau.

Damas musqué.

L'*Abricottée* est une prune qui est blanche d'un côté, & un peu rouge de l'autre : elle est grosse comme la *Sainte Catherine* ; elle quitte le noyau : elle est tres-estimée des curieux pour sa bonté.

Abricottée

La *Dauphine* est verdâtre & ronde, d'une bonne grosseur :

Dauphine

D iij

elle eſt tres-ſucrée, & tres-excellente, mais elle ne quitte point le noyau.

Damas à la
Perle.

Le *Damas à la perle* a la figure de perle en pointe vers la queuë ; il eſt d'une mediocre groſſeur, d'un goût ſucré. Il eſt plus fleuri que le damas rouge; ſa chair eſt jaune & quitte le noyau : cette prune eſt peu connuë.

LE CURIEUX.

Me voila encore parfaitement inſtruit ſur les qualitez des prunes : je vous prie de m'inſtruire de même ſur les pommiers.

LE JARDINIER SOLIT.

C'eſt bien mon intention de vous les faire connoître.

◄◦ЄⰔ◦►

CHAPITRE X.

*Enumeration des meilleures Pom-
mes, avec leur figure & leurs
qualitez.*

LE JARDINIER SOLIT.

POMME de *Rambourg franc*, Rambourg
c'est une pomme qui est franc.
grosse, dont la figure est platte,
rayée d'un peu de rouge : elle est
excellente étant cuite, particulierement en composte : elle est
des plus hâtives, il est bon d'en
avoir deux arbres dans un Jardin.

La *Reynette franche* est ancien- Reynette
ne & bien connuë ; elle est gros- franche.
se & belle ; elle jaunit en
meurissant ; elle est tiquetée de
petits points noirs, elle a l'eau
sucrée, & se garde jusqu'au Printemps.

La *Reynette grife* eft tres-bonne, elle a l'eau fucrée ; elle ne fe garde pas fi long-temps que la reynette franche.

Reynette grife.

La *Reynette rouge* n'eft pas connuë de tout le monde à caufe de fa rareté ; elle eft d'un beau rouge, elle a la chair ferme & l'eau fucrée.

Reynette rouge.

La *Calville rouge* eft groffe, plus longue que ronde, fon goût eft vineux ; il y en a qui font rouges dedans, & d'autres qui ne le font point : cela dépend de l'ancienneté de l'arbre : plus il eft vieux & dans des terres plus froides que chaudes, plus fon fruit eft rouge au dedans.

Calville rouge.

Raifon pourquoy il y a des Calvilles rouges dedans, & d'autres qui ne le font pas.

La *Calville blanche* eft une pomme qui eft blanche dehors & dedans : le goût en eft plus relevé que celuy de la rouge, ce qui fait qu'on l'eftime davanta-

Calville blanche.

ge : on l'appelle Calville blanche à coſtes, afin de la diſtinguer d'une autre, qui n'a pas cette même bonté.

La *Pomme de Bardin* n'eſt pas groſſe ; elle eſt griſe, & d'un rouge brun, l'eau en eſt ſucrée, & fort relevée : elle a même un peu de muſc dans les terres lé-geres & chaudes lorſqu'on la mange dans le veritable temps qui eſt le mois de Decembre.

La *Pomme d'or* eſt d'une moïenne groſſeur ; elle vient d'Angleterre ; elle eſt un peu plus longue que ronde, & jaune comme de l'or : elle eſt tiquetée de petits points de rouge ; ſon eau eſt tres-ſucrée : elle a le goût plus relevé que la *Reynette* ; c'eſt ce qui luy donne le mérite d'être reconnuë pour une tres-excel-lente pomme.

Pomme de Bardin.

Pomme d'or.

D v

Pomme de
drap d'or.

La *Pomme de drap d'or* est grosse : sa pelure est semblable à du drap d'or, ce qui luy en a fait donner le nom ; elle a une bonne eau ; elle se mange vers Noël : quoy-qu'elle n'ait pas beaucoup d'eau, elle doit être mise au nombre des bonnes pommes.

Pomme
d'Apy.

La *Pomme d'Apy* est ancienne, elle aura toûjours son mérite à cause de sa couleur qui est rouge : son eau est douce & sucrée, elle n'a point d'odeur : on s'en sert à mettre au tour des plats à fruit sur table ; elle est agreable à la veuë : les arbres ont cet avantage qu'ils chargent beaucoup & n'apprehendent point les grands vents. C'est pour cette raison que plus tard on les cueille, plus elles sont belles en couleur.

LE CURIEUX.

Je suis presentement bien instruit, & des noms des bons fruits & de leur qualitez en toutes especes. Il me reste à sçavoir combien il me faut d'arbres nains pour les quarrez de mon jardin ; & ensuite vous me direz combien il en faudra avoir à haute tige.

CHAPITRE XI.

De la quantité d'Arbres en buisson, & en plein vent, qu'il faut avoir pour occuper les quarrez d'un jardin fruitier & potager de quatre arpens.

LE JARDINIER SOLIT.

J'AY fait voir dans la distribution de vos quatre arpens marquée dans vôtre dessein, que

D vj

cette terre est divisée en seize quarrez; que chacun des quarrez contient en longueur quinze toises & quatre pieds; & de largeur neuf toises & quatre pieds: que les huit quarrez sont destinez pour être employez en légumes necessaires pour une maison. Il faut maintenant vous marquer la quantité des arbres que vous ferez planter au tour de ces quarrez.

La distance que doivent avoir les poiriers & les pommiers autour de chaque quarré.

On plantera sur leurs plattes bandes, des poiriers nains, & des pommiers greffez sur paradis; la distance des poiriers sera de douze pieds, & l'on mettra un pommier entre deux. Suivant cette distance, il faudra au tour de chaque quarré vingt - deux poiriers & autant de pommiers, excepté les deux quarrez qui entourent le bassin, où il n'en

faudra que vingt & un, à cause
de la figure du quart de rond ;
de sorte que pour les huit quarrez il entrera cent soixante &
quatorze poiriers, & autant de
pommiers.

Ces huit quarrez ainsi plantez, il en reste huit autres : dont
les quatre premiers seront plantez de poiriers & de pommiers
autour, comme nous avons marqué ci-dessus : avec cette difference néanmoins, qu'on plantera
dans chaque quarré trois rangées
d'arbres à la même distance de
douze pieds ; & ainsi dans chacun des quarrez il faudra quarante poiriers & autant de pommiers, à l'exception des deux
quarrez qui sont autour du bassin ; de sorte qu'il n'y entrera
que trente-huit poiriers, & la
même quantité de pommiers :

*Suite du mê-
me sujet
pour quatre
quarrez.*

& d'autant qu'il eſt à propos de remplir le terrein qui fait la figu-re du rond à cauſe du baſſin, l'on mettra une caiſſe de figuier à chaque quart de rond. Pour ces quatre quarrez il faudra cent cinquante-ſix arbres & quatre caiſſes de figuiers.

Diſtance que e doivent avoir les ar-bres à haute tige, & le nombre qu'il en faut pour les quatre quarrez.

A l'égard des quatre derniers quarrez, mon ſentiment eſt de planter des arbres à haute tige autour de chaque quarré ſur les plattes bandes à la diſtance de dix-ſept pieds l'un de l'autre, & dans chacun deſdits quarrez y planter encore deux rangées d'arbres à haute tige à la même diſtance de dix-ſept pieds : le tout ſe monte à quatre-vingt-ſeize arbres à haute tige. On pourra mettre un groſeillier en-tre deux arbres : ce fruit eſt utile pour les confitures.

LE CURIEUX.

Obligez-moy de me dire à quoy se monte le nombre des poiriers & pommiers nains, & combien il en faut de chaque espece, d'esté, d'automne & d'hyver.

LE JARDINIER SOLIT.

Dans les douze quarrez il faut trois cens trente poiriers & autant de pommiers, qui font six cens soixante arbres nains ; & pour satisfaire entierement à vôtre demande touchant le nombre de chaque espece, en voicy une liste.

❧❧❧❧❧❧❧❧❧❧❧❧❧❧

QUALITEZ DE POIRES
De chaque saison de l'année pour les trois cens trente Poiriers nains.

Poires d'Eté.

Treize sortes de poires d'esté.

L E petit Muscat........ 2.
 La Supréme .... 2.
La Cuisse Madame........ 4.
Le Gros Blanquet .... 3.
La Poire à la Reyne .... 4.
Le Bonchrétien musqué d'esté 2.
Le gros Rousselet de Reims. 8.
La Bergamotte d'été....... 2.
L'inconnu Chéneau .... 4.
La Robine .... 4.
Le Salveati............. 2.
L'Orange rouge musquée.. 2.
La Cassolette........... 4.

Poiriers d'été, 43.

Poires d'Automne.

Le Meſſire-Jean doré.....	3.
La Mouille-bouche	4.
Le Beuré rouge dit d'Anjou.	10.
La Verte-longue panachée.	6.
Le Satin...............	4.
La Marquiſe...........	12.
La Dauphine	4.
La Bergamotte de Creſane.	10.
La Merveille d'hyver	6.
Le Beurré gris..........	10.
La Meſſire-Jean gris......	3.
La Belliſſime ou Vermillon.	2.
La Jalouſie.............	2.
La Bergamotte Suiſſe	4.
La Bergamotte d'Automne	8.
La Paſtorale............	3.
Le Sucré verd...........	5.
Le Doyenné	4.

Dix-huit ſortes de Poires d'automne.

Poiriers d'Automne, 100.

Poires d'Hyver.

Quatorze sortes de Poires d'hyver.

Le Bon-chrétien d'hyver . .	24.
La Virgouleuse	20.
Le Chaffery	23.
La S. Germain	20.
La Colmart	20.
L'Ambrette	18.
La Royale d'hyver	18.
Le Martin sec	12.
L'épine d'hyver	14.
La Rousseline	4.
L'Angelique de Bordeaux .	4.
Le Bezy de Chaumontel . . .	4.
La Bergamotte de Pâques . .	4.
La Bergamotte de Soulers .	4.

Poiriers d'hyver,　189.

⟨◦⟩

Distribution des trois cens trente Poiriers nains.

Quarante & un Poiriers
    d'esté............... 41.
Cent Poiriers d'Automne. 100.
Cent quatre - vintg - neuf
    Poiriers d'hyver....... 189.

Arbres, 330.

Especes de pommes greffées sur Paradis.

Le gros Rambour......... 4.
La Reynette franche...... 90.
La Reynette rouge....... 40.
La Calville rouge........ 36.
La Calville blanche....... 34.
Le Bardin............... 10.
La Pomme d'or.......... 30.
L'Apy.................. 20.

Dix sortes de pommes.

LE CURIEUX.

Je fuis bien fatisfait d'apprendre de vous les noms des Poiriers & des Pommiers qu'il faut planter en arbres nains ; je voudrois à prefent fçavoir le nombre de chaque efpece de Pruniers & des autres arbres à haute tige, qui doivent être partagez dans les quatre derniers quarrez.

Nombre des Pruniers qui doivent être partagez dans les derniers quarrez.
Dix-huit fortes de prunes.

LE JARDINIER SOLIT.

Je vais vous le marquer, & je ne feray mention que des bonnes fortes de Prunes.

Le Damas de Tours noir hâtif. 2.

La Prune de Monfieur .... 2.

Le gros Damas blanc..... 2.

Nombre des Arbres à haute tige, qui doivent achever de remplir les

ce. y compris deux d'A-
bricottiers musquez .... 12.
Amandiers................ 1.

Arbres à haute tige, 33.

Si l'on desiroit que ce nombre d'arbres fust mis partie en
Pruniers & partie en Poiriers, ou
Pommiers, pour lors il faudroit
y planter des Sauvageons à haute tige, & l'année d'aprés les
faire greffer de telle espece de
fruit qu'on voudroit avoir.

Ces arbres étant plantez, il
faudra au tour de chaque quarré y faire mettre des Verjus ou
du Chasselas, & y faire faire un
treillage de quatre pieds & demi de hauteur pour palisser la
vigne.

LE CURIEUX.

Me voila satisfait pour ce qui regarde les quarrez du Jardin, & vous prie de me dire combien il faut d'arbres nains, & à demi tige, pour être plantez en espalier autour de mes murailles, & les qualitez de fruits qui conviennent à chaque exposition du Soleil.

CHAPITRE XII.

La quantité d'Arbres, tant nains qu'à demi tige, qu'il faut pour l'exposition du Soleil levant.

LE JARDINIER SOLIT.

J'AY dit dans le Chapitre des expositions du Soleil, que celle du levant étoit la plus avantageuse pour y planter des pes- *Les Pesches doivent être préférez à tous autres fruits pour* chers préférablement aux Poiriers & à tous autres arbres. Cela eſtant, il faut conſiderer en premier lieu la longueur de la muraille ; je la ſuppoſe être de ſoixante & treize toiſes de long, & de neuf pieds de hauteur. Si donc on y plante des Peſchers nains, à douze pieds l'un de l'autre, & un à demi tige entre deux, comme j'en ſuis d'avis, il y faudra trente-ſix Peſchers nains, & trente - cinq à demy tige pour cette expoſition.

LE CURIEUX.

Nombre des Peſchers nains qu'il faut pour l'expoſitien du Soleil levant.

Dans cette quantité de Peſchers combien en faudra-t-il d'eſpéces differentes ?

LE JARDINIER SOLIT.

Il faudra en mettre de dixneuf ſortes, ſçavoir ;

l'Avant

L'Avant Pesche blanche ... I. *Peschers*
L'Alberge jaune .... I. *nains.*
La Pourprée hâtive .... 2.
La Pesche de Troyes ..... 2.
La Mignonne .... 2.
La Violette petite & grosse .. 2.
La Chanceliere .... 2.
La Magdelaine rouge ..... 2.
La Magdelaine blanche .... 2.
La Bourdine .... 2.
La Royale .... 2.
L'Admirable .... 2.
La Persique .... 2.
L'Abricotée ou l'Admirable
jaune .... 2.
Le Brugnon violet musqué .. 2.
La Belle de Vitry .... 2.
La Nivette .... 2.
Le Pavie rouge de Pomponne 2.
La Violette tardive .... 2.

Arbres nains, 36.

E

LE CURIEUX.

Continuez, je vous prie de me dire quelles especes je mettray pour les trente-cinq arbres à demy tige.

LE JARDINIER SOLIT.

Mon sentiment est, que le nombre de vos trente-cinq arbres à demy tige soit composé de vingt-quatre Peschers, de six Abricotiers de la belle espece, y compris les deux qui sont musquez, & de cinq Pruniers, dont les Prunes soient les plus curieuses & les plus estimées en bonté.

Voicy les especes de Peschers pour les vingt-quatre Peschers à demy tige.

Noms des Pesches dont	La Chevreuse............ 3
	La Royale,............... 2

Arb. pour l'exp. du Sol. levant. 99

La Perfique...............	2.
La Magdelaine blanche....	2.
La Pourprée hâtive.........	4.
La Nivette...............	2.
La Mignonne.............	2.
L'Admirable.............	2.
La Belle-garde..........	2.
La Chanceliere...........	2.
La Pefche de Pau.........	1.

les arbres feront à demy tige.

Arbres à demy tige, 24.

Six Abricotiers............ 6.

Cinq Pruniers dont voicy les noms.

Le Perdrigon blanc........	1.
La Royale................	1.
La Reyne Claude	1.
Le Perdrigon violet	1.
La Dauphine..............	1.

Noms des efpeces de Prunes pour les cinq arbres à demy tige.

Arbres, 5.

E ij

LE CURIEUX.

Apprenez-moy je vous prie, l'arrangement qu'il faut faire en plantant les arbres de chaque especes de peschers, afin qu'il n'y ait point d'espace considerable à l'espalier où il n'y ait du fruit pendant la saison des Pesches.

LE JARDINIER SOLIT.

Pour bien faire cet arrangement, on suivra l'ordre que je donne.

L'ordre qu'on doit observer en plantant les arbres nains & à demy tige.

Le premier arbre nain sera la Pesche Royale, & ensuite la Pesche abricotée ou Admirable jaune à demy tige.

Le deuxiéme arbre nain sera la Chevreuse, & ensuite la Royale à demy tige.

Le troisiéme arbre nain, sera l'Avant pesche blanche; & en-

enfuite la Perfique à demy tige.

Le quatriéme arbre nain fera l'Admirable & enfuite la Magdelaine blanche à demy tige.

Le cinquiéme arbre nain fera la Pourprée hative, & enfuite la Chevreufe à demy tige.

Le fixiéme arbre nain fera la Perfique, & enfuite la Pourprée hâtive à demy tige.

Le feptiéme arbre nain fera l'Avant Pefche de Troyes, & enfuite la Nivette à demy tige.

Le huitiéme arbre nain fera la Magdelaine blanche, & enfuite la Belle garde à demy tige.

Le neuviéme arbre nain fera la Violette hative, & enfuite la Chanceliere à demy tige.

Le dixiéme arbre nain fera la Nivette, & enfuite l'Admirable à demy tige.

L'onziéme arbre nain fera la

E iij

Magdelaine blanche, & ensuite
la Belle-garde à demy tige.

Le douziéme arbre nain sera
la Magdelaine rouge, & ensuite
la Mignonne à demy tige.

Le treiziéme arbre nain sera
la Chanceliere, & ensuite l'Admirable à demy tige.

Le quatorziéme arbre nain
sera le Pavie de Pomponne, &
ensuite la Royale à demy tige.

Le quinziéme arbre nain sera
la Bourdine , & ensuite la Persique à demy tige.

Le seiziéme arbre nain sera
la Violette tardive, & ensuite
la Magdelaine blanche à demy
tige.

Le dix-septiéme arbre nain
sera la Mignonne , & ensuite la
Chevreuse à demy tige.

Le dix-huitiéme arbre nain
sera le Brugnon violet, & ensuite

la Pourprée hâtive à demy tige.

Le dix-neuviéme arbre nain fera la Royale, & enfuite la Ni-nette à demy tige.

Le vingtiéme arbre nain fera l'Abricotée, & enfuite la Mi-gnonne à demy tige.

Le vingt & uniéme arbre nain fera l'Alberge jaune, & enfuite la Belle garde à demy tige.

Le vingt-deuxiéme arbre nain fera l'Admirable, & enfuite la Perfique à demy tige.

Le vingt-troifiéme arbre nain fera la Mignonne, & enfuite la Chanceliere à demy tige.

Le vingt-quatriéme arbre nain fera la Pourprée hâtive, & enfui-te la Pefche de Pau à demy tige.

Le vingt-cinquiéme arbre nain fera la Perfique, & enfuite un Abricotier à demy tige.

Le vingt-fixiéme arbre nain

Fin des Pefchers à demy tige.

E iiij

sera la Pesche de Troyes, & ensuite un Prunier de Perdrigon
violet à demy tige.

Le vingt-septiéme arbre nain
sera la Belle de Vitry, & ensuite
un Abricotier à demy tige.

Le vingt-huitiéme arbre nain
sera la Magdeleine blanche, &
ensuite un prunier de la Prune
Royale à demy tige.

Le vingt-neuviéme arbre nain
sera la Nivette, & ensuite un
Abricotier à demy tige.

Le trentiéme arbre nain sera
la Violette hâtive, & ensuite un
Prunier de la Reyne Claude à
demy tige.

Le trente-uniéme arbre nain
sera la Magdelaine rouge, & ensuite un Abricotier à demy tige.

Le trente-deuxiéme arbre
nain sera la Chanceliere, & ensuite un Prunier de Perdrigon

violet à demy tige.

Le trente-troisiéme arbre nain sera le Pavie de Pomponne, & ensuite un Abricotier à demy tige.

Le trente-quatriéme arbre nain sera la Bourdine, & ensuite un Prunier de la Prune Dauphine à demy tige.

Le trente-cinquiéme arbre nain sera la Violette tardive, & ensuite un Abricotier à demy tige.

Fin des arbres à demy tige.

Le trente-sixiéme arbre nain sera la Mignonne.

Fin des arbres nains.

LE CURIEUX.

Rien n'est mieux ordonné pour avoir un Espalier tel que je le souhaite. Mais continuez, je vous prie, de me dire combien il me faut d'arbres, & leurs espéces pour l'exposition du Soleil du midy.   E v

CHAPITRE XIII.

La quantité de Peschers, & leurs
espéces pour l'exposition du
Soleil du midy.

LE JARDINIER SOLIT.

Au Climat
de Paris les
Peschers
réüssissent
tres - bien à
l'exposition
du midy.

VOSTRE Jardin estant au
climat de Paris, les Pesches
réüssiront au Soleil du midy, suivant l'experience que j'en ay faite; c'est pourquoy vous y pou-
vez faire planter des Peschers
nains de neuf pieds en neuf pieds;
& au lieu d'arbres à demy tige,
je vous conseille d'y mettre des
ceps de raisins muscats & chasselas d'une tige de cinq pieds de
hauteur, dont la pousse sera pa-
lissée en éventail de même que
l'on fait à des Peschers à demy
tige. J'en ay vû qui faisoient

un bel effet : de sorte que pour
garnir vôtre muraille qui a quarante-huit toises de longueur,
il faudra trente & un Peschers
nains, & trente ceps de raisins,
sçavoir :

La Persique............... 2.
La Violette hative........ 2.
L'Admirable.............. 2.
La Nivette............... 2.
La Magdelaine blanche.... 2.
La Belle de Vitry.......... 1.
L'Avant-Pesche de Troyes.. 1.
La Bourdine.............. 2.
La Pourprée hâtive........ 2.
La Magdelaine rouge...... 1.
La Chanceliere........... 2.
L'Alberge jaune.......... 1.
La Belle-garde........... 2.
La Mignonne............. 2.
L'Abricotée ou l'Admirable
jaune................... 2.

Dix huit sortes de Pesches en arbres nains.

E vj

La Royale............... 2.

Le Brugnon violet......... 1.

L'Avant Pesche blanche... 1.

Le Pavie de Pomponne... 1.
_____

Arbres nains, 31.

Voicy l'ordre qu'on doit ob-ferver en plantant à l'expofition du Soleil du midy les trente & un arbres Pefchers nains, & un cep de raifin entre deux ar-bres.

Cet arrange-ment doit être mis en pratique pour les mê-mes raifons que nous avons dit dans leCha-pitre de l'expofition du Soleil Levant.

Le premier arbre nain, fera la Perfique, & enfuite un cep de de raifin à demy tige.

Le deuxiéme arbre nain fera la Violette hâtive, & enfuite un cep de raifin à demy tige.

Le troifiéme arbre nain fera la Nivette, & enfuite un cep de raifin à demy tige.

Le quatriéme arbre nain fera

la Magdelaine blanche, & enfuite un cep de raisin à demy tige.

Le cinquiéme arbre nain sera
la Belle de Vitry, & ensuite un
cep de raisin à demy tige.

Le sixiéme arbre nain sera la
Pesche de Troyes, & ensuite un
cep de raisin à demy tige.

Le septiéme arbre nain sera la
Bourdine, & ensuite un cep de
raisin à demy tige.

Le huitiéme arbre nain sera la
Pourprée hâtive, & ensuite un
cep de raisin à demy tige.

Le neuviéme arbre nain sera
la Chanceliere, & ensuite un
cep de raisin à demy tige.

Le dixiéme arbre nain sera
l'Alberge jaune, & ensuite un
cep de raisin à demy tige.

L'onziéme arbre nain sera la
Belle garde, & ensuite un cep de
raisin à demy tige.

Le douziéme arbre nain sera la Mignonne, & ensuite un cep de raisin à demy tige.

Le treisiéme arbre nain sera l'Abricotée ou l'Admirable jaune, & ensuite un cep de raisin à demy tige.

Le quatorziéme arbre nain sera la Royale, & ensuite un cep de raisin à demy tige.

Le quinziéme arbre nain sera l'Admirable, & ensuite un cep de raisin à demy tige.

Le seiziéme arbre nain sera l'Avant Pesche blanche, & ensuite un cep de raisin à demy tige.

Le dix - septiéme arbre nain sera le Brugnon violet, & ensuite un cep de raisin à demy tige.

Le dix - huitiéme arbre nain sera la Bourdine, & ensuite un cep de raisin à demy tige,

Le dix-neuviéme arbre nain sera la Persique, & ensuite un cep de raisin à demy tige.

Le vingtiéme arbre nain sera la Violette hâtive, & ensuite un cep de raisin à demy tige.

Le vingt & uniéme arbre nain sera la Nivette, & ensuite un cep de raisin à demy tige.

Le vingt-deuxiéme arbre nain sera la Magdelaine rouge, & ensuite un cep de raisin à demy tige.

Le vingt-troisiéme arbre nain sera l'Admirable, & ensuite un cep de raisin à demy tige.

Le vingt-quatriéme arbre nain sera la Pourprée hâtive ; & ensuite un cep de raisin à demy tige.

Le vingt-cinquiéme arbre nain sera la Chanceliére, & ensuite un cep de raisin à demy tige.

Le vingt-fixiéme arbre nain fera la Mignonne, & enfuite un cep de raifin à demy tige.

Le vingt-feptiéme arbre nain fera le Pavie de Pomponne, & enfuite un cep de raifin à demy tige.

Le vingt-huitiéme arbre nain fera l'Abricotée, & enfuite un cep de raifin à demy tige.

Le vingt-neuviéme arbre nain fera la Magdelaine blanche, & enfuite un cep de raifin à demy tige.

Le trentiéme arbre nain fera la Belle-garde, & enfuite un cep de raifin à demy-tige.

Le trente-uniéme arbre nain fera la Royale, & enfuite un cep de raifin à demy tige.

LE CURIEUX.

Me confeillez - vous de met-

tre plus de raiſins muſcats que
de chaſſelas?

LE JARDINIER SOLIT.

Cela dépend uniquement de
vous, mon avis néanmoins eſt
que vous ayez plus de Chaſſelas que de Muſcat; ce dernier
eſt trop ſujet à eſtre gâté par les
mouches & par les oiſeaux; de
plus il a peine à meurir depuis le
deréglement des ſaiſons: il n'en
eſt pas de même du Chaſſelas,
il meurit parfaitement bien, c'eſt
un beau & bon raiſin, qui ſe
garde long-temps, & qui fait
honneur ſur une table: il ſera
bon de planter auſſi deux ceps
de raiſin de Corinthe, il eſt délicieux.

Les acci-
dens qui
arrivent
aux raiſins
muſcats.

Préferez le
raiſin chaſ-
ſelas au
muſcat,
quoyque ce
dernier ſoit
plus déli-
cieux

LE CURIEUX.

Je ſuis bien de vôtre avis pour

le Chaſſelas : ſuivons, je vous
prie, nos expoſitions. Pour le
couchant, quel fruit me con-
ſeillez-vous d'y mettre ?

LE JARDINIER SOLIT.

Quoyque l'exoſition du Soleil couchant ne ſoit pas ſi avan-
tageuſe que celle du levant,
néanmoins elle n'eſt pas d'ordinaire ſi ſujette à la gelée que celle du levant ; mais auſſi le fruit
en eſt plus tardif de huit ou dix
jours, ce qui n'eſt pas un défaut.
C'eſt pour cette raiſon, que je
vous conſeille d'y faire planter
des Poiriers nains ſur coignaſſier ; des Peſchers à demy tige,
des Abricotiers, & des Pruniers
à demy tige.

*A l'expoſi-
tion du cou
chant, le
fruit eſt plus
tardif de
huit ou dix
jours.*

CHAPITRE XIV.

Pour l'espalier exposé au Soleil couchant, quantité des especes de Poiriers, Peschers, Abricotiers & Pruniers.

LE JARDINIER SOLIT.

Pour l'espalier du Soleil couchant, il faut trente-six arbres nains Poiriers qui seront plantez à douze pieds de distance l'un de l'autre, & un arbre à demy tige entre deux : sçavoir vingt-quatre Peschers à demy tige, six Abricotiers de la belle espece, & cinq Pruniers.

Nombre des Arbres pour le Soleil couchant.

Poiriers nains.

Le Rousselet de Reims .... 1.
La Bergamotte Suisse ...... 1.

Quatorze sortes d'espéces de poires pour les trente-six arbres.

La Bergamotte d'Automne . 4.
La Bonne de Soulers........ 2.
La Bergamotte de Cresane.. 2.
La Marquise.............. 2.
La Bergamotte de Pâques .. 4.
La Virgouleuse............ 4
La S. Germain .... 2.
Le Bezy de Chassery....... 2.
Le Bon-chrétien d'hyver ... 6.
Le Beurré gris .... 2.
Le Colmart............... 2.
La Rousseline .... 2.

Arbres nains, 36.

Peschers à demy tige.

Neuf sortes de peschers pour les vingt quatre arbres à demy tige

L'Admirable................ 2.
La Mignonne.............. 2.
La Nivette .... 4.
La Pourprée hâtive .... 2.
La Magdelaine rouge ...... 2.
La Chanceliere .... 3.

Arb. pour l'exp. du Sol. couchant. 117

la Magdelaine blanche.... 2.

la Violette hâtive......... 2.

la Bourdine.............. 3.

Peschers, 24.

Abricotiers à demy tige,

ix Abricotiers de la bel-
le espece à demytige.

Abricotiers, 6.

Pruniers à demy tige.

la Diaprée.............. 1. *Cinq sortes*
l'Impériale.............. 1. *de prunes*
la Sainte Catherine....... 1. *pour être à*
l'Abricotée.............. 1. *demy tige*
la Maugeron .... 1.

Pruniers, 5.

Quand je vous conſeille de
mettre des Peſchers à l'expoſition du Soleil couchant, mon
ſentiment n'eſt pas d'en faire
une maxime générale pour toutes ſortes de terres : car dans celles qui ſont plus humides, peſan-
tes & froides, les Peſchers ne
réüſſiroient pas, comme ils feroient dans une terre ſablonneuſe, graſſe, meuble, & d'autres
qui ſont franches, & plus chaudes que froides ; comme auſſi
dans celles qui ſont légéres &
chaudes.

LE CURIEUX.

Selon vôtre ſentiment touchant les Peſchers, il me paroît qu'on pourroit pareillement
conclurre que les Poiriers, Abricotiers, & Pruniers, ne réüſſiroient pas non plus à cette ex-

position , & qu'ainſi il ſeroit
nutile d'y en planter.

Le Jardinier Solit.

Il n'en eſt pas de même des
Poiriers Abricotiers, & Pruniers
que du Peſcher dans ces ſortes
de terres: car la qualité des fruits
de ces arbres ſe ſoutient mieux
que celle de la Peſche, & quoi-
qu'ils n'ayent pas le gouſt ſi relevé que dans d'autres expoſitions ; néanmoins ils ont leur
mérite en ce qu'ils ſont plus tardifs, & qu'on en mange dans le
temps qu'il n'y en a plus de la
même eſpéce.

L'on peut mettre à l'expoſition dn Soleil couchant des Poiriers, Abricotiers, & Pruniers dans des terres humi-des & froi-des.

Le Curieux.

Cette raiſon me paroit juſte.
Continuez, je vous prie, de me
dire l'arrangement des arbres
dont vous avez fait mention.

pour l'expofition du Soleil couchant.

LE JARDINIER SOLIT.

On doit obferver l'ordre fuivant en plantant les arbres nains Poiriers & Pefchers à demy tige au Soleil couchant.

Le premier arbre nain fera de Poirier Rouffelet, & enfuite le Pefcher Magdelaine rouge à demy tige.

Le deuxiéme fera la Bonne de Soulers, & enfuite la Bourdine à demy tige.

Le troifiéme fera la Bergamotte Suiffe, & enfuite l'Admirable à demy tige.

Le quatriéme fera le Bonchrétien d'hiver, & enfuite la Mignonne à demy tige.

Le cinquiéme fera la Bergamotte de Pâque, & enfuite

la

a Nivete à demy tige.

Le sixiéme sera la Marquise, & ensuite la Pourprée hâtive à demy tige.

Le septiéme sera la Virgouleuse, & ensuite la Chanceliere à demy tige.

Le huitiéme sera la S. Germain, & ensuite la Magdelaine blanche à demy tige.

Le neuviéme sera le Colmart, & ensuite l'Admirable à demy tige.

Le dixiéme sera la Bergamotte de Pâques, & ensuite la Bourdine à demy tige.

L'onziéme sera la Cresane, & ensuite la Nivette à demy tige.

Le douziéme sera le Bonhrétien d'hyver, & ensuite la Violette hâtive à demy tige.

Le treiziéme sera la Rousse-

F

line, & enfuite la Chancelière à demy tige.

Le quatorziéme fera le Chaffery, & enfuite la Bourdine à demy tige.

Le quinziéme fera le Colmart, & enfuite la Magdelaine rouge à demy tige.

Le feiziéme fera la S. Germain, & enfuite la Mignonne à demy tige.

Le dix-feptiéme fera la Virgouleufe, & enfuite la Nivette à demy tige.

Le dix-huitiéme fera le Bon-chrétien d'hyver, & enfuite la Pourprée hâtive à demy tige.

Le dix-neuviéme fera la Bergamotte de Pâques, & enfuite la Chancelière à demy tige.

Le vingtiéme fera le Beurré gris, & enfuite la Magdelaine blanche à demy tige.

Le vingt-uniéme sera la Bergamotte d'Automne, & ensuite l'Admirable à demy tige.

Le vingt-deuxiéme sera le Bon-chrétien d'hyver, & ensuite la Mignonne à demy tige.

Le vingt-troisiéme sera le Beurré gris, & ensuite la Nivete à demy tige.

Le vingt-quatriéme sera la Virgouleuse, & ensuite la Violette hâtive à demy tige.

Fin des Pefchers à demy tige.

Le vingt-cinquiéme sera la Bergamotte d'Automne, & ensuite un Abricotier à demy tige.

Le vingt-sixiéme sera la Marquise, & ensuite la Prune Diaprée à demy tige.

Le vingt-septiéme sera la Bonne de Soulers, & ensuite un Abricotier à demy tige.

Le vingt-huitiéme sera le Bon-chrétien d'hyver, & ensuite un

F ij

Prunier de fainte Catherine à demy tige.

Le vingt-neuviéme fera la Bergamotte d'Automne, & enfuite un Abricotier à demy tige.

Le trentiéme fera la Virgouleufe, & enfuite un Prunier d'Imperiale à demy tige.

Le trente-uniéme fera le Bonchrétien d'hyver, & enfuite un Abricotier à demy tige.

Le trente-deuxiéme fera la Crefane, & enfuite un Prunier d'Abricotée à demy tige.

Le trente-troifiéme fera la Bergamotte de Pâques, & enfuite un Abricotier à demy tige.

Le trente-quatriéme fera la Rouffeline, & enfuite un Prunier de la Maugeron à demy tige.

Fin des arbres à demy tige. Le trente-cinquiéme fera le Chaffery, & enfuite un Abrio cotier à demy tige.

Le trente-sixiéme fera la Bergamotte d'Automne.

LE CURIEUX.

L'on m'a dit que les Poiriers
en espaliers font sujets aux Ti-
gres, qui caufent une maladie
aux arbres : en forte que le fruit
n'en profite point, & qu'on eft
obligé de les faire arracher pour
y mettre d'autres fruits.

LE JARDINIER SOLIT.

J'en conviens ; mais on ne
vous a pas dit que ce mal foit
univerfel, il y a bien des lieux
où les Jardins ne font point in-
commodez du Tigre. Car, par
exemple, dans le voifinage de
vôtre nouveau jardin les arbres
n'en font point attaquez, ainfi
il n'y a rien qui doive faire

F iij

craindre d'y planter des Poiriers en espalier.

LE CURIÈUX.

Cela étant, je n'ay qu'à sui-vre vôtre Plant : venons main-tenant à l'exposition du Nord.

CHAPITRE XV.

Des especes de fruits pour un Es-palier à l'exposition du Nord, & du nombre des arbres nains & à demy tige.

LE JARDINIER SOLIT.

JE vous ay fait voir que l'Ex-position du Nord est la moin-dre de toutes pour les fruits : ce-pendant il y en a d'une certaine qualité, qui peuvent y réüssir, comme Poires, Prunes, Abri-cots & Verjus. Mais je vous con-

seille de n'y mettre que de deux
sortes de fruits ; à sçavoir, la Poire & la Prune : à la verité elles
n'auront pas toutes les qualitez
qu'elles auroient étant au Soleil
levant, ou au couchant, mais
elles ne laisseront pas de meurir
& d'avoir leur mérite.

C'est pour cette raison, que
je vous conseille d'y planter des
Poiriers nains, & des Poiriers
& Pruniers à demy tige, sçavoir :

Poiriers nains . . . . 31.
Poiriers à demy tige. . . . . . . 15.
Pruniers à demy tige . . . . . . 15.

Arbres, 61.

F iiij

Poiriers nains.

Neuf sortes de Poires. | Le Milan d'Esté, *ou* Bergamotte d'Esté . . . . 3.
Le Rousselet de Reims . . . 3.
Le Beurré gris . . . . 6.
Le Sucré verd . . . . 3.
La Bergamotte d'Automne . 6.
La Virgouleuse . . . . 4.
La S. Germain . . . . 2.
La Marquise . . . . 2.
Le Messire-Jean doré . . . . . 2.

Arbres nains, 31.

Poiriers à demy tige.

Huit sortes de Poires. | La Cresane . . . . 2.
La Dauphine . . . . 2.
La Jalousie . . . . 1.
L'Ambrette . . . . 2.
Le Martin sec . . . . 2.

Arb. pour l'exp. du Nord. *129*

Le Colmart	2.
Le Chaffery	2.
La Virgouleufe.............	2.

Poiriers à demy tige, 15.

Pruniers à demy tige.

La Prune de Monfieur.....	2.	*Sept fortes*
La Mirabelle	2.	*de Prunes.*
Le Perdrigon violet	2.	
Le Perdrigon blanc	2.	
L'Imperiale	3.	
La Reyne Claude	2.	
La Royale	2.	

Pruniers à demy tige, 15.

LE CURIEUX.

Continuez, je vous prie, comme vous avez fait aux autres expofitions pour l'arrangement de chaque efpece.

F v

De l'ordre qu'on doit observer en plantant les Poiriers nains, & ceux à demy tige pour l'exposition du Nord.

LE JARDINIER SOLIT.

Les arbres nains seront plantez à neuf pieds de distance.

ON plantera les arbres aux Places qui leur font destinées à neuf pieds de distance pour les arbres nains, & on en mettra un à demy tige entre deux.

Le premier arbre nain sera le Milan d'Esté, ou Bergamotte d'Esté, & ensuite la Cresane à demy tige.

Le deuxiéme sera la Bergamotte d'Automne, & ensuite la Prune de Monsieur à demy tige.

Le troisiéme sera le Sucré-verd, & ensuite la Dauphine ou Franchipane à demy tige.

Le quatriéme sera la Virgou-

eufe, & enfuite la Mirabelle à
lemy tige.

Le cinquiéme fera le Rouffe-
et de Reims, & enfuite la Ja-
oufie à demy tige.

Le fixiéme fera la S. Ger-
nain, & enfuite l'Imperiale à
lemy tige.

Le feptiéme fera le Beurré
gris, & enfuite l'Ambrette à
demy tige.

Le huitiéme fera la Virgouleufe, & enfuite le Perdrigon
blanc à demy tige.

Le neuviéme fera le Meffire-
Jean, & enfuite le Martin fec à
demy tige.

Le dixiéme fera la Bergamotte d'Automne, & enfuite le Perdrigon violet à demy tige.

L'onziéme fera la Bergamotte d'Efté, & enfuite le Colmart
à demy tige.

Le douziéme sera la Bergamotte d'Automne, & ensuite la
Reyne Claude à demy tige.

Le treiziéme sera le Sucré-
verd, & ensuite le Chassery à
demy tige.

Le quatorziéme sera le Rousselet de Reims, & ensuite la
Prune Royale à demy tige.

Le quinziéme sera la S. Germain, & ensuite la Virgouleuse
à demy tige.

Le seiziéme sera le Beurré gris
& ensuite la Prune de Monsieur
à demy tige.

Le dix-septiéme sera la Bergamotte d'Automne, & ensuite
la Cresane à demy tige.

Le dix-huitiéme sera la Marquise, & ensuite la Mirabelle à
demy tige.

Le dix-neuviéme sera le Beurré gris, & ensuite la Dauphine

ou Franchipane à demy tige.

Le vingtiéme fera le Sucré-verd, & enfuite l'Imperiale à demy tige.

Le vingt-uniéme fera la Virgouleufe, & enfuite l'Ambrette à demy tige.

Le vingt-deuxiéme fera le Meffire-Jean, & enfuite le Perdrigon blanc à demy tige.

Le vingt-troifiéme fera le Beurré gris, & enfuite le Martin fec à demy tige.

Le vingt-quatriéme fera la Bergamotte d'Automne, & enfuite la Reyne Claude à demy-tige.

Le vingt-cinquiéme fera la Bergamotte d'Efté, & enfuite le Colmart à demy tige.

Le vingtfixiéme fera le Beurré gris, & enfuite le Perdrigon blanc à demy-tige.

Le vingt-septiéme sera le Rousselet de Reims, & ensuite le Chassery à demy tige.

Le vingt-huitiéme sera la Bergamotte d'Automne, & ensuite la Prune Royale à demy tige.

Le vingt-neuviéme sera le Beurré gris, & ensuite la Virgouleuse à demy tige.

Le trentiéme sera la Marquise, & ensuite la Prune Royale à demy tige.

Le trente-uniéme sera la Virgouleuse.

Le Curieux.

Faites-moy connoître je vous prie, le total de tous les arbres necessaires pour mon nouveau Jardin.

Eſtat general de tous les Arbres,
tant en pepins qu'en noyaux pour
un Jardin de quatre arpens.

LE JARDINIER SOLIT.

Poiriers nains en buiſſon
pour les deux eſpaliers
du couchant & du
Nord montent à ..... 397.

Poiriers à demy tige pour
l'expoſition du Nord,
montent à........... 15.

Pommiers ſur Paradis en
Buiſſon, montent à.... 330.

Peſchers nains pour l'ex-
poſition du Soleil levant
montent à........... 36.

Peſchers à demy tige pour
l'expoſition du Soleil
levant & du couchant
montent à........... 48.

Peſchers nains pour l'ex-

position du midy, mon-
tent à .... 31.

Pruniers à demy tige pour
les espaliers, montent à 25.

Pruniers à haute tige en
plein vent, montent à 63.

Cerisiers de deux differentes especes, montent à .. 14.

Bigarrottiers hâtifs & tardifs, montent à .... 6.

Abricotiers à haute tige
en plein vent, montent
à .... 12.

Plus, Abricotiers à demy
tige pour les deux espa-
liers à l'exposition du levant & du couchant,
montent à .... 12.

Un Amandier .... 1.

Total des arbres, 990.

Le total monte à neuf cens
quatre-vingts-dix arbres : c'est

un nombre raisonnable pour avoir des fruits à chaque saison pendant toute l'année.

Il sera bon d'avoir un Meurier dans un coin de la Cour, le fruit en est agréable.

Je vous conseille aussi d'avoir plusieurs caisses de Figuiers, le fruit en est délicieux.

LE CURIEUX.

Il est à présent question d'acheter les arbres, mais je ne m'y connois pas ; apprenez - moy je vous prie à les connoître, afin de n'y pas être trompé.

CHAPITRE XVI.

Avis pour avoir de bons arbres,
& de bonnes especes : & pour
connoiſtre la qualité de la terre
propre aux Poiriers greffez ſur
franc, ou ſur coignaſſier.

LE JARDINIER SOLIT.

Les qualitez que doit avoir un arbre pour étre bien conditionné.

A FIN que vous ne ſoyez pas trompé à vos Arbres, il faut qu'ils ſoient d'une bonne qualité; c'eſt-à-dire, qu'ils ſoient d'une belle venuë, que l'écorce en ſoit claire & nette, qu'ils ayent de bonnes racines; cela ſe rencontrant, on peut dire que tels arbres ſont bien condition-nez.

Et pour n'être pas trompé aux eſpeces, il les faut achetter chez des perſonnes qui ayent la répu-

ation de donner fidelement les
fpeces de fruits, qu'on leur demande.

LE CURIEUX.

Suivant la connoiſſance que
ous me donnez pour choiſir
n arbre bien conditionné, &
our n'être pas trompé aux eſ-
eces, il faut que vous m'indi-
uiez à qui je pourray m'adreſ-
er ; car je ſçay qu'il y a des
aarchands d'arbres en divers
ndroits ; mais ſçavoir s'ils tien-
ent un bon ordre dans leurs
'epiniéres, s'ils ont une exacti-
ude à donner les eſpéces qu'on
eur demande, c'eſt ce que je ne
ſçay point : cependant il en peut
rriver un fort grand inconve-
iient, qui eſt d'avoir une eſpé-
e pour une autre, & en ce cas
on a un vray chagrin.

LE JARDINIER SOLIT.

Sans le bon ordre & les bons fruits dans les Pépiniéres les marchands ne peuvent s'acquerir une bonne reputation.

Je vous avouë, que c'est u[n] de mes étonnemens, que plu[sieurs] fieurs de ces marchands s'ac[quiérent] fi peu de réputation [car] je fuis perfuadé, que pou[r] peu qu'ils vouluffent fe donne[r] de peine & de foin, de mettr[e] l'ordre aux efpéces des bon[s] fruits dans leurs Pepinieres, &[...] avoir la fidélité de donner celle[s] qu'on leur demande, ils paffe[...] roient pour gens d'honneur[...] mais les uns difent, fi je donn[e] un Poirier pour un autre, je ne[...] change point la nature du fruit[...] c'eft toûjours un Poirier, ainfi je[...] ne prétends point que ce foi[t] tromper; d'autres difent, fi nou[s] donnons une efpéce pour un[e] autre qu'on nous demande, ce[...] n'eft pas de propos déliberé que[...]

Excufe de quelques marchands d'arbres quand on fe plaint de ce qu'ils n'ont pas donné l'efpece d'arbre qu'on leur avoit demandé.

nous le faisons ; nous sommes
obligez d'aller, (disent-ils,)
querir des Greffes pour greffer
os Pépiniéres chez nos amis,
qui sont Jardiniers comme nous;
& nous assûrent que les greffes
qu'ils nous donnent, sont les espéces que nous leur deman-
dons : Si donc le contraire arrive, ce n'est pas nôtre faute.
Voilà ce que je leur ay enten-
du dire : mais cela ne contente pas un Curieux, qui se voit
trompé.

LE CURIEUX.

Pour ne point tomber dans
ce cas, je me souviens que vous
m'avez dit qu'il falloit acheter
les arbres chez des personnes
dont la reputation soit bien connuë & bien établie pour la fidelité des espéces. Vous me ferez

plaifir de me les indiquer ; j'ayme mieux les payer davantage, & n'eftre pas trompé.

LE JARDINIER SOLLT.

Le moïen d'avoir de bons arbres, & de bons fruits, c'eft de ne fe point mettre en peine du prix.

Les beaux arbres, les bons fruits & les plus curieux ; le bel ordre qui doit être dans les Pépiniéres fe trouvent chez les R. P. Chartreux de Paris.

Vous prenez le parti d'un homme de bon efprit ; c'eft le moïen d'avoir un beau plant, fans craindre de perdre trois ou quatre années, ce qui arrive lorfque vous ne recueillez pas le fruit tel que vous l'efperiez.

Pour éviter ce fâcheux inconvenient, je puis vous dire avec toute la certitude poffible, que je ne connois point de gens qui ayent des arbres mieux conditionnez, tant pour leurs qualitez que pour leurs efpéces, que les R. P. Chartreux de Paris. L'ordre eft admirablement bien obfervé dans leurs Pépiniéres, les efpéces font parfaitement bien

 distinguées les unes des autres,
tant en pepins qu'en noyaux :
l'exactitude y est pratiquée avec
tant de soin, qu'il est impossible
de s'y méprendre pour quelque
espéce de fruits qu'on puisse de-
rer, & des plus exquis. C'est la
raison pourquoy ils en ont un
debit considerable. Ils en en-
voyent dans les Païs Etrangers,
& même jusqu'en Pologne : l'on
n'est parfaitement content,
mais particulierement quand on
voit le fruit sur les arbres : car
pour lors on n'a aucun regret de
les avoir payez quinze sols, qui
est le prix reglé, & tres-souvent
on écrit des lettres de remer-
ciment au Frere qui a l'inten-
dance de leur Jardin. C'est une
verité que je vous puis certifier,
j'en ay une parfaite connoissance.

La reputa-
tion des bons
arbres, &
des bons
fruits qui
sont dans les
Pépiniéres
des R. P.
Chartreux,
s'étend jus-
ques dans
les Païs é-
trangers.

LE CURIEUX.

Je vous rends mille graces de m'avoir indiqué cet endroit des R. P. Chartreux , cependant quelques Marchands d'arbres soûtiennent que les Chartreux de Paris ne sont pas plus fideles qu'eux ; c'est ce que je n'ay jamais pû croire, & ce que vous venez de m'en dire confirme l'estime que j'ay de leur fidelité.

LE JARDINIER SOLIT.

Il est vray qu'il y a des gens qui disent que les Chartreux de Paris trompent comme les autres en ce qu'ils achétent, (disent ils,) des arbres quatre ou cinq sols,& les revendent quinze sols. Vous jugez bien que ce n'est qu'une pure médisance, puis qu'il y a toûjours sept ou huit

Quoique quelques personnes disent que les Chartreux trompent en fait d'arbres,

milli

...ille pieds d'arbres dans leurs *cette médi-*
...épinieres, qu'ils entretiennent *sance n'est*
...une année à l'autre. *pas capable*
de ternir
leur bonne
Le Curieux. *réputation.*

Ce seroit leur faire une inju- *Sentiment*
...ce d'avoir cette pensée. Tous *obligeant*
...honnêtés gens ont trop d'e- *que les hon-*
...me pour eux, pour croire qu'ils *nétes gens*
...ssent capables de faire un tel *ont des*
...mmerce. La verité étant plus *Chartreux*
au sujet de
...rte que le mensonge, je publie- *la vente de*
...y par tout que tel discours est *leurs arbres.*
...digne d'un honnête homme.

Le Jardinier Solit.

...Tous les gens d'honneur sont
...vôtre sentiment ; mais il faut
...us dire l'infidelité de quelques
...rdiniers qui auront pû donner
...u à cette médisance ; elle mé-
...de bien que je vous en fasse le
...cit : voicy le fait.

G

Infidelité d'un Jardinier, & ses précautions prises inutilement.

Un honnête homme envoya un jour son Jardinier aux Chartreux pour y avoir trois ou quatre douzaines d'arbres ; ce Jardinier, que dailleurs son Maître croyoit fidelle, au lieu d'y aller fut au Fauxbourg S. Jacques en acheter d'un Marchand d'Orleans moyennant le prix de quatre ou cinq sols le pied. Il prit la précaution de prendre le chemin de la ruë d'Enfer, où demeurent les Chartreux ; mais par malheur pour luy il fut rencontré dans cette ruë par un des amis de son Maître, qui luy demanda d'où il venoit d'acheter ces arbres : il luy dit d'un ton assûré qu'il venoit de les prendre chez les Chartreux. Cet amy qui alloit voir le Frere Chartreux qui les vend, s'informa de la chose ; mais il fut bien surpris d'apprendre que cet homme ne les avoit pas achettez de luy ; car le Frere Chartreux l'assura qu'il ne luy en avoit pas vendu. Cet éclaircissement fut cause que le Maître du Jardinier fut averti de cette infidelité. Mais ce n'est pas la seule, en voicy une autre de même nature.

Une Dame ayant besoin de quelques Peschers, & n'ayant aucune connoissance aux Chartreux, pria le Jardinier de M.... de luy vouloir faire le plaisir d'aller chez eux achetter une douzaine de Peschers, & luy donna neuf livres pour les payer. Cet infidele Commissionaire, au lieu d'y aller, fut en acheter à Vitry à huit sols le pied, & les apporta à la Dame ; en luy assurant, que le Frere Chartreux les avoit choisis luy-même. Sa mauvaise

foy fut bientôt découverte ; car
il arriva, quatre ou cinq jours
aprés, que le frere de cette Dame
eut commiffion de la part d'un
de fes amis de la campagne de
luy acheter deux douzaines de
Pefchers chez les P P. Chartreux. Cet honnête homme y
fut ; il pria le Frere qui les vend,
de vouloir bien les luy donner,
ajoûtant, qu'il en avoit vendu
depuis quatre au cinq jours à
Madame fa fœur, & que c'étoit
le Jardinier de M....qui les étoit
venu acheter. Le Frere Chartreux affura qu'il n'avoit point
vendu ces arbres à ce Jardinier,
& le frere de cette Dame fut fort
furpris de fa réponfe. Vous re-
marquerez s'il vous plaît, que
l'action étoit d'autant plus blâ-
mable, que ce Jardinier avoit
obligation au Frere Chartreux,

qui luy avoit rendu service pour
faire entrer dans la condition
où il étoit. Le Frere Chartreux
ayant été averti de cette infidelité, l'envoya chercher, & il luy
fit la reprimande qu'il méritoit ;
l'obligea d'aller déclarer à la
Dame qu'il n'avoit pas acheté
les Peschers aux Chartreux, &
qu'il les avoit pris à Vitry ; qu'ils
ne luy coûtoient que huit sols
le pied, & de luy rendre le reste
de son argent. Cela fut ainsi exe-
cuté ; car cette Dame envoya dire au Frere Chartreux qu'elle
étoit contente de la satisfaction
que le Jardinier de M..., luy
avoit faite, qu'il luy avoit rendu
le reste de son argent, & qu'il luy
avoit déclaré qu'il les avoit achetez à Vitry.

Il faut vous dire encore l'infidelité d'un autre Jardinier à qui

Satisfaction que le Frere Chartreux a fait faire à une Dame qui avoit été trompée par un Jardinier en fait d'arbres.

Autre infidelité sur le même sujet.

G iij

son Maître avoit donné ordre
d'aller chez les R. P. Chartreux
acheter un nombre considerable d'arbres. Cet homme ne prit
chez les Chartreux que la moitié du nombre qu'on luy avoit
marqué, & pour l'autre moitié
il la fut acheter chez des Marchands qui ne luy vendirent ces
arbres que quatre sols le pied; il
soûtint cependant à son Maistre
qu'il les avoit achetez tous chez
les R. P. Chartreux.

Toutes ces infidelitez ont
donné lieu de dire que les Chartreux trompent comme les autres, lors principalement que la
mauvaise foy de ces Jardiniers
interessez ne s'est pas découverte.

Le Curieux.

Je profiteray de ces bons avis

que je ne manqueray pas d'aller moy-même acheter les arbres, dont j'ay besoin.

LE JARDINIER SOLIT.

Vous ferez tres-bien, je le conseille à mes amis, & quand ils me croyent, ils ne s'en repentent pas.

LE CURIEUX.

N'avez-vous point encore quelque avis à me donner au sujet des arbres dont j'ay besoin pour faire mon Plant?

LE JARDINIER SOLIT.

Oüy, il m'en reste encore un à vous donner qui me paroît tres important: c'est de ne jamais acheter des arbres sans connoître la qualité de la terre où l'on veut les planter, pour sçavoir si elle

Il faut connoître la qualité de la terre, où l'on veut faire un plant avant

G iiij

*que d'ache-
ter des ar-
bres, afin de
sçavoir s'il
faut qu'ils
soient gref-
fez sur coi-
gnaffier, ou
sur franc.*

demande des Poiriers greffez fur
coignaffier ou fur franc : car il y a
des terreins où les Poiriers fur
coignaffier ne réüffiffent pas, ils
ne font que languir & meurent :
au lieu que les Poiriers greffez
fur franc y font des merveilles. Il
y a d'autres terres où le Poirier
fur coignaffier fait tres-bien, &
où le franc ne pouffe qu'en bois,
& ne donne du fruit que rare-
ment : telle eft vôtre terre.

*Suite du
même sujet
pour les Pes-
chers.*

Il en eft de même du Pefcher
greffé fur Amandier, ou fur Prunier : par exemple dans les terres chaudes & légéres, telle qu'-
eft la vôtre ; comme auffi dans

*Raifon pour
quoy le Pes-
cher ne réüf-
fit pas dans
les terres lé-
géres, gref-
fé fur Pru-
nier.*

les terres franches qui font plus
chaudes que froides, l'Amandier
fait parfaitement bien, & le Pefcher fur Prunier y periroit. La
raifon eft que la féve du Prunier
dans les terres légéres n'eft pas

affez abondante pour nourrir la greffe du Pefcher, qui pouffe beaucoup en bois ; mais dans les terres humides & pefantes, le Pefcher greffé fur Prunier fera des merveilles, & s'il eft greffé fur Amandier, il ne fera que languir & perira bientôt.

Dans les terres humides, le Pefcher greffé fur Prunier réuffit, & fur Amandier il ne fait que languir.

LE CURIEUX.

Ces précautions étant prifes, apprenez-moy encore je vous prie, ce qu'il faudroit faire dans le cas fuivant. Si l'on m'envoyoit, dans une caiffe, des païs étrangers des arbres qui euffent efté long-temps en chemin, & qu'après les avoir receus, la terre ne fe trouvaft pas en état de les pouvoir planter à caufe de la gelée, comment pourrois-je faire pour les conferver jufqu'au dégel ?

G v

LE JARDINIER SOLIT.

Il y a deux précautions à prendre : 1º Ayant receu vos arbres, que je suppose vous avoir été envoyez dans une caisse, avec de la mousse autour des racines (car c'est ce qu'il faut toûjours faire observer en pareil cas) il faudra mettre la caisse dans une cave jusqu'à ce que la terre soit en état de les y planter.

2º La terre estant entierement dégelée, l'on ôtera les arbres de la caisse, & l'on taillera les racines de la maniere dont je l'explique cy-aprés. Ensuite l'on mettra tremper les racines dans de l'eau une journée, & l'on les plantera conformément à la methode dont je fais mention cy aprés : je vous puis asseurer qu'il n'en manquera aucun, quand

Chap.
XVII.
1º Observ.

Chap.
XVII.

ôême les arbres feroient hors de
terre depuis trois ou quatre mois.

Je me fouviens à propos de
ſela, qu'il y a plus de vingt-cinq
ans qu'on me fit prefent d'une
douzaine de Jaſmins d'Efpagne
venans de Genes, gros chacun
comme le doigt : quand on me
les apporta ils eſtoient d'une ſi
grande ſechereſſe, qu'ils étoient
plus propres à brûler qu'à eſtre
plantez. Il me vint en penſée de
les mettre tremper dans de l'eau
l'eſpace de ſept ou huit jours, &
je les plantay enſuite au hazard
dans des pots. Je puis vous aſſeu-
rer (autant qu'il m'en ſouvient)
que des douze il n'en manqua
que deux, & les dix autres pouſ-
ſérent auſſi-bien que s'ils n'a-
voient point été ſecs.

Je crois qu'il en ſeroit de même des Orangers, mais comme

G vj

je ne l'ay point experimenté, je
ne vous en assure point.

LE CURIEUX.

Ces deux observations me pa-
roissent bien singulieres, & vous
m'avez fait un vray plaisir de
m'en apprendre la pratique. Il
ne me reste plus qu'à vous demander ce que vous pensez sur
la maniere de disposer les arbres
pour les planter, & sur le temps
auquel on les plante.

CHAPITRE XVIII.

Le temps & la maniere de planter les arbres en buisson.

Le temps de planter les arbres dans les terres lé-géres & chaudes.

LE JARDINIER SOLIT.

IL y a deux saisons pour planter ; l'Automne & le commencement du mois de Mars.

Dans les terres légéres & chaudes, comme auſſi dans celles qui ne ſont ni froides, ni humides, on doit planter vers le vingtiéme d'Octobre, & pendant tout le mois de Novembre : c'eſt le temps auquel les feüilles jauniſſent. La terre ayant encore un peu de chaleur, elle ſe communique aux racines, leur fait pouſſer du chevelu, & de nouveaux filaments, ce qui eſt une préparation aux arbres nouvellement plantez, pour pouſſer vigoureuſement au Printemps. Que s'il arrive de grandes ſechereſſes au Printemps, il les faudra arroſer par deſſus le fumier de tems à autre.

Raiſon pourquoy il eſt avantageux de planter de bonne heure les arbres,

Arroſer au Printemps les arbres nouvellement plantez.

LE CURIEUX.

Mais ſi cette qualité de terre n'étoit pas preparée, & qu'elle ne le pût être que dans le mois de Mars ; faudroit-il differer à l'année suivante pour planter ?

LE JARDINIER SOLIT.

Non, il ne faudroit pas laisser de planter dans cette saison, (je dis dans les terres légéres) j'en ay l'experience , & les arbres ont bien reüssi. Il est vray qu'ils ne firent pas une pousse, comme s'ils avoient été plantez en Automne ; ils ne laissérent pas néanmoins de faire leur devoir, & de quatre-vingt-dix pieds d'arbres que je fis planter au quatriéme Avril, il n'en manqua pas un seul.

LE CURIEUX.

N'aviez-vous point pris quelque précaution pour y bien réüssir ?

LE JARDINIER SOLIT.

Oüy, je les fis arracher environ quinze jours avant que de les faire planter, pour retarder la pousse de la séve & je les fis mettre en terre, jusqu'à ce que la terre fût foüillée.

LE CURIEUX.

La précaution étoit bonne : continuez, je vous prie, à m'instruire pour la saison du Printemps.

LE JARDINIER SOLIT.

Le veritable temps de planter dans les terres humides, pesantes & froides, (comme je vous ay dit) est le commencement du mois de Mars & d'Avril. La raison est que la terre étant un peu dessechée, & commençant à s'échauffer, les racines des arbres ne riſquent pas de perir: il ne faut jamais planter en Automne dans ces ſortes de terre ; car les racines ſe gâteroient entierement, à cauſe de la fraîcheur & de l'humidité de la terre.

LE CURIEUX.

Aprés m'avoir fait connoître la conſéquence de ne planter les arbres dans les terres humides qu'au Printemps, & dans les terres légéres que dans l'Automne. Je vous demande à preſent la Methode de bien planter les arbres en buiſſon.

LE JARDINIER SOLIT.

Pour planter utilement les arbres en buiſſon, ſuivant l'experience que j'en ay, il y a 7. obſervations à mettre en pratique.

La premiere eft, qu'il faut toûjours planter par un beau tems & fec, afin que la terre foit meuble ; couper la tige de l'arbre à fept ou huit pouces au-deſſus de la greffe, & tailler des raci-nes environ la moitié de leur lon-gueur & la chevelure de même.

Premiere observation.

2. L'arbre étant ainſi diſpoſé, on poſera un cordeau au mi-lieu de la platte-bande où l'on veut planter, afin que les arbres ſoient plantez en ligne droite, à la diſtance que je vous ay mar-quée ; ſçavoir, à douze pieds l'un de l'autre, & un Pommier ſur paradis entre deux. Vôtre terre ayant été foüillée de trois pieds de profondeur, il n'eſt pas beſoin d'y faire un grand trou, puiſque quatre coups de beſche en fe-ront un ſuffiſant pour y planter un arbre en buiſſon.

Seconde obſervation.

Troiſiéme
obſervation.

3. Il faut que la coupe de l'arbre ſoit tournée du côté du
Nord en le plantant.

Quatriéme
obſervation.

4. Les arbres ne doivent pas
être mis bien avant en terre : car
comme on ſuppoſe qu'elle a eſté
nouvellement foüillée, elle vien-
dra à s'affaiſſer, & ainſi les arbres
ſe trouveront environ à un pied
en terre ; ce qui eſt la regle ge-
nerale pour qu'un arbre ſoit bien
planté.

Cinquiéme
obſervation.

5. Il faut bien étendre les racines de l'arbre de part & d'autre, & mettre de la terre deſſus
les racines avec la main, afin de
bien remplir les vuides : & quand
toutes les racines ſeront cou-
vertes de terre avec la main, l'on
ſe ſervira de la beſche pour achever de remplir le trou.

Sixiéme
obſervation.

6. Il faut que la greffe ſoit
toûjours au-deſſus de la terre de

eux ou trois pouces au plus: *Avis tres-important.*
ar si la greffe étoit enterrée, ce-
a pourroit faire perir les arbres
n leur faisant pousser du franc.

7. Aprés que les arbres seront *Septiéme observation.*
insi plantez, il faut faire mettre
deux ou trois hottées de fumier
u pied par dessus la terre, & en
aire un quarré au tour du pied
le l'arbre; & cela pour deux rai- *Raison pour-quoy il faut mettre du fumier sur la terre au pied de l'ar-bre.*
ons. La premiere est, que le fu-
mier conserve la fraîcheur des
acines contre la grande cha-
eur de l'esté. La seconde est,
que quand les pluyes arrivent, el-
es arrosent ce fumier, & en font
ondre sur les racines les sels *Raison pour quoy il est dangereux de labourer pendant l'année un arbre nou-vellement planté.*
qui donnent vigueur aux arbres
pour la végétation.

Il est à remarquer quil ne faut
point labourer les arbres l'année
qu'ils ont esté plantez, ceux
qui le feroient empêcheroient

les racines de se bien lier avec
la terre ; & de plus ils risque-
roient de couper les racines avec
la besche, & les éventeroient, ce
qui causeroit une langueur aux
arbres.

LE CURIEUX.

Dans vôtre premiere Observation, vous dites, ce me semble,
qu'il faut couper la tige de l'arbre avant que de le planter. Cependant le Jardinier de M...
quand il a planté un arbre en
Automne, ne coupe la tige qu'au
mois de Mars, afin (dit-il) de
garentir l'arbre de la gelée d'hyver. Qu'en pensez-vous ?

LE JARDINIER SOLIT.

Je n'approuve point qu'on dif-
fére au mois de Mars à couper
la tige d'un arbre planté en Au-

tomne. En voicy deux raisons.

La prémiére est, que la sé-ve de cet arbre commençant à être en mouvement au mois de Mars, il est certain que la cou-pe de cette tige retarderoit la poussé du Printemps.

La seconde est, que l'arbre ayant été planté en Automne, les racines sont liées avec la terre au mois de Mars, ainsi il est com-me impossible qu'en coupant la tige de cet arbre, les racines ne soient ébranlées ; d'où il arrive souvent que quoique vous ayez planté un arbre bien condition-né, il ne poussé au Printemps que des branches foibles & lan-guissantes. Pour éviter donc cet inconvenient, je vous conseille de mette en pratique ma pre-miere observation, étant celle qui est la plus sûre.

Premiere raison qui fait connoî-tre qu'il ne faut point differer au mois de Mars à couper la ti-ge d'un ar-bre qui a été planté en Automne.

Seconde rai-son qui prou-ve qu'on ris-que de faire perir un ar-bre en luy coupant la tige au mois de Mars.

Et afin de garentir l'arbre de la gelée d'hyver, il suffit de mettre deſſus la coupe de la tige de l'arbre en le plantant un maſtic fait exprés pour cet uſage, ou bien de la cire molle.

Ce maſtic doit être compoſé d'une livre de réſine, de quatre onces de cire jaune, de quatre onces de poix noire, d'une once & demie de ſuif de mouton. Il faut faire fondre le tout enſemble, & quand on voudra s'en ſervir, il faudra le faire chauffer un peu, & avec une broſſe en mettre ſur la taille de l'arbre.

LE CURIEUX.

Les deux remarques que vous faites, l'une de ne point labourer les arbres plantez dans l'année; & l'autre de ne point attendre

u mois de Mars à couper la tige, me font d'une grande inftru-
ction, j'en conçois bien la confe-
quence. Il me refte encore une
chofe à fçavoir : Vous dites dans
la feptiéme obfervation de mettre du fumier au pied de l'arbre,
mais fi la commodité du fumier
manquoit, que faudroit-il faire ?

LE JARDINIER SOLIT.

Il faudroit y mettre une her-
be qui fe nomme la Fougere au
lieu de fumier : finon, dans le
tems que vos jeunes plants ont
befoin d'eau, faire un petit baffin au pied de chaque arbre, &
les arrofer pendant la grande fé-
chereffe, comme il arrive ordinairement au mois d'Avril, de
May, & de Juin. Il ne faut pas
manquer à cela, non plus qu'à
découvrir enfuite le baffin ; car

Ce qu'il faut faire quand on n'a point de fumier pour mettre aux pieds des arbres.

Avis important à mettre en pratique.

le hâle feroit fendre la terre, &
le Soleil penetrant dans les fentes deſſécheroit les racines ; ce
qui feroit jaunir & languir les
arbres.

LE CURIEUX.

C'eſt ce que j'ay veu en effet
ces jours paſſés dans le Jardin
de M... où le hâle avoit fendu
la terre au pied des arbres qui
étoient tous languiſſans ; je ne
doute plus de la cauſe de cette
maladie aprés ce que vous venez
de me dire. Cette methode ſera
tres-utile aux Curieux pour les
empêcher de tomber en de pareils inconveniens.

Il me vient en penſée de vous
demander une choſe : ſuppoſé
qu'on eût mis en pratique ces
ſept obſervations pour bien
planter un arbre en buiſſon, qui
auroit

auroit toutes les qualitez pour
bien pouffer : s'il arrivoit cependant aprés cela que cet arbre ne
pouflât aucun jet ; quelle pourroit en eftre la caufe ?

LE JARDINIER SOLIT.

Aprés avoir mis en pratique
les fept obfervations précéden-
tes , & avoir planté cet arbre
dans un auffi bon terrein que le
noftre ; la caufe de fa mort ne
peut venir que de quelque ver
qui s'eft engendré dans les racines, ou dans la tige, & qui ar-
refte la féve. L'experience m'a
appris que l'on peut fauver l'arbre quand on découvre l'endroit où eft le ver : il faut donc
obferver quand un arbre décli-
ne de jour à autre, que c'eft une
marque qu'il y a quelques vers
autour des racines, ou entre

H

le bois & l'écorce. J'en ay vû qui étoient à peu-prés gros comme le petit doigt, & qui auroient fait mourir l'arbre, si je ne le avois pas ôtez ; sitôst que je l'eu fait, l'arbre reprit sa premiere vigueur, de même que s'il n'avoit point esté incommodé.

LE CURIEUX.

Je comprends bien qu'il e absolument nécessaire de faire la guerre à ces animaux po sauver un arbre.

Continuez je vous prie, d m'apprendre la methode d planter les arbres en espalie vous ne m'en avez pas enco parlé.

CHAPITRE XVIII.

Maniére de planter les arbres en espalier.

LE JARDINIER SOLIT.

POUR planter utilement les arbres en espalier, il faut observer cinq choses :

Premierement, il faut couper la tige de l'arbre à sept ou huit pouces au-dessus de la greffe ; les racines environ à la moitié, & la chevelure de même, ainsi que je l'ay dit pour les buissons. *Premiere observations*

2. L'on couchera les arbres du côté de la muraille environ un demy pied, afin qu'ils ayent un bon fond, qui est le côté de l'allée ; la teste de l'arbre ne doit estre éloignée du mur que de trois pouces au plus, afin qu'il *Seconde observation.*

H ij

foit bien paliffé dés le bas.

Troifiéne obfervation.

3. Les arbres nains doivent eftre plantez à douze pieds de diftance, l'un de l'autre, & les arbres à demy-tige mis entre deux. On étendra bien les racines, & on les couvrira de terre avec la main pour qu'il n'y ait point de vuide, ainfi que je vous l'ay dit cy-deffus en parlant du plant des arbres Poiriers en buiffon.

Quatriéme obfervation.

4. Il faut que la coupe de l'arbre foit toûjours tournée du côté du mur, & les meilleures racines du côté de l'allée, afin que l'arbre ait plus de nourriture.

Cinquiéme obfervation.

5. Quand les arbres feront plantez l'on fera mettre du fumier fur la terre au pied de chaque arbre, ou plûtôt l'on en garnira toute la platte-bande; fi l'on plante un efpalier tout entier, le

umier sera mis de quatre pouces
ou environ d'épais; & l'on fera
arroser dans la grande séchcres-
e, comme il a esté dit pour les
arbres en buisson.

LE CURIEUX.

Vos cinq observations sont
tres-instructives, : il me reste à
sçavoir comment il faut planter
es arbres à haute tige, que
on met en plein vent.

CHAPITRE XIX.

Pour bien planter les arbres à
haute tige en plein vent, il
faut observer cinq choses.

LE JARDINIER SOLIT.

PREMIEREMENT, les ar- *Premiere*
bres doivent avoir la tige *observation,*
droite, & la grosseur doit estre
de cinq à six pouces. Il ne faut

H iij

jamais planter des arbres menus
dans les terres légéres ; ils sont
trop long-temps à venir, & à
porter du fruit. Je vous avoüe,
qu'il en coûte quelque chose davantage pour les avoir plus gros ;
mais on est dédommagé en peu
de temps, parce qu'ils portent
du fruit plûtost.

Seconde   2. Les arbres doivent estre
observation. plantez à trois toises de distance les uns des autres dans les ter-
res légéres ; & si l'on plante un
buisson entre deux, il est bon
que la distance soit de quatre
toises. Je sçay qu'on en voit à
trois toises, & un buisson entre
deux ; mais ils n'en sont pas
mieux. C'est pourquoy je conseille qu'ils ayent quatre toises
de distance.

Troisiéme   3. Il faut préparer la teste de
observation. l'arbre, en y laissant trois ou qua-

e branches de la longueur de
six à douze pouces. Cela forme
la rondeur de la teste de vôtre
arbre dés la premiere année; l'experience me l'a appris.

4. Il faut que les racines soient *Quatriéme observation.*
neuves, en rafraichir seulement
les bouts, & en couper la chevelure à moitié de sa longueur.
Lorsque vous planterez vôtre arbre, vous en étendrez les racines, & les couvrirez de terre avec
la main, pour qu'il n'y ait point
de vuide entre les racines & la
terre : car ce vuide empêcheroit
que l'arbre ne poussât vigoureu-
sement.

5. L'on fera des trous de trois *Cinquiéme observation.*
pieds en quarré, pour planter les
arbres dans une terre qui aura
été foüillée en Automne : que
si elle n'a pas été foüillée, l'on fera des trous de six pieds en quar-

H iiij

ré, & de trois pieds de profondeur. Je ſçay qu'il y a des Jardiniers qui ſont enteſtez de n'en
faire que de quatre pieds en
quarré, & de deux pieds de profondeur : mais l'expérience m'a
appris que les arbres ne réüſſiſ-
ſent jamais bien.

Le fumier eſt utile au pied des arbres nouvel-lement plan-tez.

    Il faut mettre du fumier ſur
la terre à chaque pied d'arbre,
pour les raiſons que je vous ay
dites, & les arroſer de tems à autre.

LE CURIEUX.

Je ſuis perſuadé que toutes ces
obſervations ſont tres-utiles à
ſçavoir : mais j'ay encore à vous
demander la maniére de planter
les ceps de raiſins & de verjus,
afin que je ſois entierement inſtruit de la methode de bien planter.

CHAPITRE XX.

*e la manicre de planter les ceps
de muſcats, les chaſſelas, &
bourdelais, ou verjus.*

LE JARDINIER SOLIT.

L'ON fera une rigole d'un pied & demy ou environ de arge, & environ d'un pied & emy de profondeur ; on aura es Marcottes, que l'on aura préarées portant trois yeux chacu-e. L'on coupera un peu de la hevelure ; l'on couchera les ieds dans ladite rigole à la di-tance de deux pieds l'un de l'au-re, pour que le treillage ſoit plû-oſt garni : & enſuite l'on met-tra du fumier deſſus la terre, afin que la rigole en ſoit couverte. Aprés cela ſoyez perſuadé que

L'on prépa-re les Mar-cottes de rai-ſins à trois yeux pour être plan-tées.

Diſtance qu'on doit donner aux ceps de rai-ſins lorſqu'-on plante les Marcottes.

H v

voſtre vigne pouſſera parfaitement bien. Que ſi vous me demandez la qualité du fumier qui doit être employé à cet uſage, je vous répondray que dans les terres chaudes le fumier de vache eſt le meilleur : mais ſi l'on n'en pouvoit en avoir, on pourra mettre du fumier de cheval bien pourri, enſorte que la chaleur en ſoit éteinte.

Qualité du fumier pour les terres légéres & chaudes.

Pour les terres humides & froides, il n'y faut que du fumier de cheval à moitié pourri, & jamais de celui de vache, parce qu'il eſt froid & contraire à ces ſortes de terres : la même choſe doit être auſſi pratiquée pour les arbres.

Qualité du fumier pour les terres humides & froides.

Le Curieux.

Tout ce que vous m'avez enſeigné eſt tres bien expliqué, je

vous demande à préfent quel ouvrage il faut faire enfuite dans mon nouveau jardin?

LE JARDINIER SOLIT.

L'on bordera les allées d'herbes fines & aromatiques dont voicy la Lifte.

Bordures d'herbes fines pour les allées.

Lavande.
Sariette.
Thim.
Hyfope.
Marjolaine.
Meliffe.
Romarin.
Violette double & fimple.

Noms des herbes fines aromatiques pour border les allées d'un nouveau jardin.

Les Fraifiers font en ufage pour les bordures, quoyqu'ils ne foient pas du nombre des herbes fines non plus que le Bouys. Cependant on y employe auffi le

Bordure de Fraifiers.

H vj

Bouys ; il a fon mérite & fon utilité en ce qu'il eft un plant propre & verd en tout temps.

Bordure du Bouys.

LE CURIEUX.

Les bordures de mes allées étant plantées, il ne me refte plus que les quarrez pour y femer, & planter des légumes pour l'utilité de ma maifon. C'est pourquoy j'ay befoin que vous me donniez une Lifte de toutes les graines que vous jugerez les plus néceffaires pour occuper ma terre utilement.

LE JARDINIER SOLIT.

Tres volontiers ; & pour vous la rendre plus facile, je vous la donne par Alphabet.

CHAPITRE XXI.

Liste des graines potagéres pour l'utilité d'une Maison.

ARtichaux violets &blancs.
Asperges.

Basilic... il se séme sur les couches.
Betterave.
Bonne-dame.
Bourroche.
Buglose.

Cardes de Poirée.
Cardon d'Espagne... *il se séme sur les couches.*
Celery... *il se séme sur les couches.*
Cerfeüil ordinaire.
Champignons.

Cheruy.

Chicorée ordinaire & sauvage.

Choux d'hyver.

Choux-fleurs.

Choux pommez.

Choux à la grosse côte... *Toutes ces sortes de choux se peuvent semer sur les couches.*

Ciboule.

Citroüille, *elle se séme sur les couches.*

Civette d'Angleterre.

Concombre.

Cresson à la noix.

Espinards.

Estragon.

Féves.

Laituë George à couper & à pommer.

Laituë crépe blonde à pommer.

Laituë d'Allemagne.

Laituë courte.

Laituë Romaine... *Toutes sortes*
de graines de Laituë se sément
sur couche & sur terre.

La jeune blonde.

La Royale.

Maches... *c'est une légume pour*
la salade.

Melon... *il se séme sur les cou-*
ches.

Oignons blancs d'Esté.

Oignons d'Automne.

Oignons rouges pour l'Hyver.

Oseille.

Panais.

Persil ordinaire.

Pimprenelle.

Poirée.

Pois de diverses sortes.

Poreaux.

Pourpier doré.

Pourpier verd....*il se séme sur les couches, & non le doré.*

Rave... *elle se séme sur couches & sur terre.*

Salsifix d'Espagne.

Salsifix commun.

LE CURIEUX.

Je suis content d'avoir les noms de chaque graine potagére, continuons, je vous prie, nos ouvrages. A cet effet apprenez moy la methode de dresser les planches de chaque quarré pour y semer les graines potagéres.

CHAPITRE XXII.

De la maniere de dreffer les plan-
ches, & de femer les graines
des légumes potagéres.

LE JARDINIER SOLIT.

IL faut mefurer la terre des
quarrez en - dedans, fans y
comprendre les plattes - bandes
qui font autour de chaque quarré, & faire en forte que chaque
planche ait quatre pieds ou environ de largeur, & un fentier
qui foit environ d'un pied de
large entre deux, & que toutes
es planches foient d'une égale
argeur.

Largeur
que doivent
avoir les
planches
dans les
quarrez.

LE CURIEUX.

Cela étant fait, eft-il neceffaire de rayonner les planches

pour y ſemer les graines, ou bien
s'il faut les ſemer ſans les rayonner ?

LE JARDINIER SOLIT.

La maniere dont les Maraichez ſément leurs planches.

Cela dépend de la volonté:
je dois néanmoins vous faire remarquer , que les Maraichez
qui loüent des terres bien cher,
trouvent qu'ils ont plus de profit
de ſemer ſans rayonner , que par
rayons. Mais pour le Jardin d'un
curieux , mon ſentiment eſt de
rayonner. Cela ſe fait avec la
pointe d'un bâton pour y ſemer
certaines graines de légumes,
comme par exemple , Oſeille,
Poirée, Perſil, Cerfeuil, Epinards.
Mais à l'égard des autres graines
potagéres, comme oignons & racines, je vous conſeille de les faire ſemer en plaine planche , &
enſuite les faire herſer légére-

Methode de ſemer les graines po-tagéres dans le jardin d'un Cu-rieux.

...rent; à l'egard de celles qui font
...mées en rayons; on les rem-
...ira de terre fans les herfer.

LE CURIEUX.

Lorfque j'auray fait femer
...es graines fuivant la Methode
...ie vous m'en donnez, n'y aura-
...il plus rien à mettre en prati-
...ue.

LE JARDINIER SOLIT.

Il faudra enfuite faire porter
...i terreau fur chaque planche,
...ui aura efté femée pour les ter-
...auter de l'épaiffeur d'un bon
...ouce, pour deux raifons:

La premiere, eft pour empê-
her que la terre ne foit fi battuë
...ar les pluyes & par les arrofe-
nens, ce qui feroit que les grai-
...es ne germeroient point, & ne
...léveroient pas fi facilement.

Terrauter les planches aprés avoir été femées.

Raifon pourquoy l'on terraute le planches aprés avoir été femées

Deuxième raison qui fait voir le défaut d'une terre qui n'est pas terrautée aprés être semée

La seconde raison est que les graines ont plus de peine à leve quand elles ne sont pas terrau tées, parce que les terres se sel lent entierement par les pluyes & par les gelées qui arrivent à con tretemps : cela arriva en l'anné 1701. au mois de Mars, & Avril de sorte qu'on fut obligé en plu sieurs endrois de semer de nou

Précaution utile à pren- dre.

veau. La précaution de faire mettre du terreau sur chaque planche aprés estre semée, ga rentit pour l'ordinaire d'un tel accident.

LE CURIEUX.

L'avis est tres-bon, vous reste- t-il encore quelque chose à me dire qui puisse m'estre utile pour mon Jardin ?

LE JARDINIER SOLIT.

Il me reste à vous parler des ouches qui font d'une grande ilité pour élever du Plant. De e plant il y en a une partie qu' n laiffe fur les couches, & l'au- e que l'on replante en terre fur es planches des quarrez, telles ne font les Laituës pour pom- er, le Celery, le Concombre, le ardon d'Efpagne, la Citroüil- , &c.

Il eft nécef-faire d'avoir des couches dans un Jardin pota-ger.

LE CURIEUX.

Je conçois bien, que les cou- hes font neceffaires, c'eft pour- uoy je voudrois fçavoir la ma- iere de les faire pour avoir des remiéres légumes.

CHAPITRE XXIII.

La maniére de faire les couches.

LE JARDINIER SOLIT.

Les couches doivent être placées à l'exposition du Soleil du midy.

L'EXPOSITION du Sole[il] du midy est avantageu[se] pour y faire des couches ; ell[es] doivent estre faites de fumier [de] cheval sortant de l'écurie. Ell[es] doivent avoir quatre pieds [de] hauteur ou environ, & auta[nt] de largeur : la longueur sera [se]lon la place où l'on a volon[té] de les faire. On y mettra du te[r]reau par dessus de l'épaisseur [d']environ huit à neuf pouces : [il] faut que les couches soient fai[tes] six ou huit jours devant que d[e] semer les graines, afin que [la] grande chaleur du fumier se pa[s]se pendant ce temps la, & qu[e]

e luy reste qu'une chaleur moderée. On le connoîtra en met-
tant le doigt dans la couche: sans
cette précaution l'on courroit
risque de brûler les graines.

Les sentiers des couches doivent avoir un pied de large, afin
que lorsqu'on voudra les ré-
chauffer, on ait la facilité de
mettre entre deux couches du
fumier chaud qui entretiendra
le degré de chaleur, & fera pro-
fiter le plant.

Précaution qu'on doit prendre a-
vant que de semer les graines sur
les couches.

Methode pour ré-
chauffer les
couches.

LE CURIEUX.

Il me vient encore une pensée, c'est de vous demander comment on fait les couches de
champignons; aprés cela j'auray
lieu d'estre content de toutes
vos instructions sur la maniere de
faire mon Jardin fruitier & potager.

CHAPITRE XXIV.

La maniére & le temps de faire
des couches de Champignons.

LE JARDINIER SOLIT.

Temps au-
quel on fait
provifion de
fumier pour
faire des
couches de
champi-
gnons.

IL faut commencer à faire provifion de fumier de paille de
froment, & jamais de celle de
feigle. Cette provifion fe fait au
mois d'Avril, on peut en amaffer
jufqu'au mois d'Aouft, & le faire mettre par chaînes.

Temps au-
quel l'on
fait les tran-
chées.

C'eft au mois de Novembre
qu'on fait des tranchées de trois
pieds de large, & d'un demy pied
de creux. Il fera neceffaire de
bien mêler le fumier, c'eft-à-
dire le crotin, avec la paille, &
de mettre le fumier dans la tranchée de la hauteur de deux
pieds, en forte qu'il foit en dos
d'âne

d'âne : on le couvrira de deux pouces d'épaiſſeur de terre, & au mois d'Avril ſuivant, il fau-dra couvrir leſdites couches de grand fumier, pour empêcher que la grande chaleur ne les pé-nétre. Quand on verra que le fumier ſe ſeche, il faudra le noüiller de temps à autre ; c'eſt-à-dire, de trois ſemaines en trois ſemaines, en cas qu'il ne pleuve pas : voila la maniere d'avoir de bons & gros champignons à peu de frais.

Moüiller les couches de champi-gnons.

LE CURIEUX.

Ce n'eſt pas aſſez de con-noître tout ce qui eſt néceſſaire pour faire mon Jardin. Il m'eſt important de ſçavoir la metho-de pour le cultiver, obligez-moy de me l'apprendre.

I